U0259119

环境教育实用指南

人文主义与环境保护

［法］朱丽叶・切瑞琦-诺特／编
周晨欣／译

图书在版编目（CIP）数据

环境教育实用指南 / (法) 朱丽叶 · 切瑞琦-诺特编 ; 周晨欣译. -- 北京 : 中国文联出版社, 2021.12
（绿色发展通识丛书）
ISBN 978-7-5190-4807-5

Ⅰ. ①环… Ⅱ. ①朱… ②周… Ⅲ. ①环境教育－指南 Ⅳ. ①X-4

中国版本图书馆CIP数据核字(2021)第278744号

著作权合同登记号：图字01-2021-6052

环境教育实用指南
HUANJING JIAOYU SHIYONG ZHINAN

编　　者：[法] 朱丽叶·切瑞琦-诺特
译　　者：周晨欣

出 版 人：朱　庆　　终 审 人：朱彦玲
责任编辑：胡　笋　　复 审 人：蒋爱民
责任译校：黄黎娜　　责任校对：胡世勋
封面设计：谭　锴　　责任印制：陈　晨

出版发行：中国文联出版社
地　　址：北京市朝阳区农展馆南里10号，100125
电　　话：010-85923076（咨询）85923092（编务）85923020（邮购）
传　　真：010-85923000（总编室），010-85923020（发行部）
网　　址：http://www.clapnet.cn　　http://www.claplus.cn
E-mail：clap@clapnet.cn　　hus@clapnet.cn

印　　刷：中煤（北京）印务有限公司
装　　订：中煤（北京）印务有限公司
本书如有破损、缺页、装订错误，请与本社联系调换

开　　本：720 × 1010　　1/16
字　　数：200千字　　印　　张：23.25
版　　次：2021年12月第1版　　印　　次：2021年12月第1次印刷
书　　号：ISBN 978-7-5190-4807-5
定　　价：92.00元

“绿色发展通识丛书”总序一

洛朗·法比尤斯

1862年，维克多·雨果写道：“如果自然是天意，那么社会则是人为。”这不仅仅是一句简单的箴言，更是一声有力的号召，警醒所有政治家和公民，面对地球家园和子孙后代，他们能享有的权利，以及必须履行的义务。自然提供物质财富，社会则提供社会、道德和经济财富。前者应由后者来捍卫。

我有幸担任巴黎气候大会（COP21）的主席。大会于2015年12月落幕，并达成了一项协定，而中国的批准使这项协议变得更加有力。我们应为此祝贺，并心怀希望，因为地球的未来很大程度上受到中国的影响。对环境的关心跨越了各个学科，关乎生活的各个领域，并超越了差异。这是一种价值观，更是一种意识，需要将之唤醒、进行培养并加以维系。

四十年来（或者说第一次石油危机以来），法国出现、形成并发展了自己的环境思想。今天，公民的生态意识越来越强。众多环境组织和优秀作品推动了改变的进程，并促使创新的公共政策得到落实。法国愿成为环保之路的先行者。

2016年“中法环境月”之际，法国驻华大使馆采取了一系列措施，推动环境类书籍的出版。使馆为年轻译者组织环境主题翻译培训之后，又制作了一本书目手册，收录了法国思想界最具代表性的33本书籍，以供译成中文。

中国立即做出了响应。得益于中国文联出版社的积极参与，“绿色发展通识丛书”将在中国出版。丛书汇集了33本非虚构类作品，代表了法国对生态和环境的分析和思考。

让我们翻译、阅读并倾听这些记者、科学家、学者、政治家、哲学家和相关专家：因为他们有话要说。正因如此，我要感谢中国文联出版社，使他们的声音得以在中国传播。

中法两国受到同样信念的鼓舞，将为我们的未来尽一切努力。我衷心呼吁，继续深化这一合作，保卫我们共同的家园。

如果你心怀他人，那么这一信念将不可撼动。地球是一份馈赠和宝藏，她从不理应属于我们，她需要我们去珍惜、去与远友近邻分享、去向子孙后代传承。

2017年7月5日

（作者为法国著名政治家，现任法国宪法委员会主席、原巴黎气候变化大会主席，曾任法国政府总理、法国国民议会议长、法国社会党第一书记、法国经济财政和工业部部长、法国外交部部长）

"绿色发展通识丛书"总序二

万钢

习近平总书记在中共十九大上明确提出，建设生态文明是中华民族永续发展的千年大计。必须树立和践行绿水青山就是金山银山的理念坚持节约资源和保护环境的基本国策，像对待生命一样对待生态环境。我们要建设的现代化是人与自然和谐共生的现代化，既要创造更多物质财富和精神财富以满足人民日益增长的美好生活需要，也要提供更多优质生态产品以满足人民日益增长的优美生态环境需要。近年来，我国生态文明建设成效显著，绿色发展理念在神州大地不断深入人心，建设美丽中国已经成为13亿中国人的热切期盼和共同行动。

创新是引领发展的第一动力，科技创新为生态文明和美丽中国建设提供了重要支撑。多年来，经过科技界和广大科技工作者的不懈努力，我国资源环境领域的科技创新取得了长足进步，以科技手段为解决国家发展面临的瓶颈制约和人民群众关切的实际问题作出了重要贡献。太阳能光伏、风电、新能源汽车等产业的技术和规模位居世界前列，大气、水、土壤污染的治理能力和水平也有了明显提高。生态环保领域科学普及的深度和广度不断拓展，有力推动了全社会加快形成绿色、可持续的生产方式和消费模式。

推动绿色发展是构建人类命运共同体的重要内容。近年来，中国积极引导应对气候变化国际合作，得到了国际社会的广泛认同，成为全球生态文明建设的重要参与者、贡献者和引领者。这套“绿色发展通识丛书”的出版，得益于中法两国相关部门的大力支持和推动。第一辑出版的33种图书，包括法国科学家、政治家、哲学家关于生态环境的思考。后续还将陆续出版由中国的专家学者编写的生态环保、可持续发展等方面图书。特别要出版一批面向中国青少年的绘本类生态环保图书，把绿色发展的理念深深植根于广大青少年的教育之中，让“人与自然和谐共生”成为中华民族思想文化传承的重要内容。

科学技术的发展深刻地改变了人类对自然的认识，即使在科技创新迅猛发展的今天，我们仍然要思考和回答历史上先贤们曾经提出的人与自然关系问题。正在孕育兴起的新一轮科技革命和产业变革将为认识人类自身和探求自然奥秘提供新的手段和工具，如何更好地让人与自然和谐共生，我们将依靠科学技术的力量去寻找更多新的答案。

2017年10月25日

（作者为十二届全国政协副主席，致公党中央主席，科学技术部部长，中国科学技术协会主席）

“绿色发展通识丛书”总序三

铁凝

这套由中国文联出版社策划的“绿色发展通识丛书”，从法国数十家出版机构引进版权并翻译成中文出版，内容包括记者、科学家、学者、政治家、哲学家和各领域的专家关于生态环境的独到思考。丛书内涵丰富亦有规模，是文联出版人践行社会责任，倡导绿色发展，推介国际环境治理先进经验，提升国人环保意识的一次有益实践。首批出版的33种图书得到了法国驻华大使馆、中国文学艺术基金会和社会各界的支持。诸位译者在共同理念的感召下辛勤工作，使中译本得以顺利面世。

中华民族“天人合一”的传统理念、人与自然和谐相处的当代追求，是我们尊重自然、顺应自然、保护自然的思想基础。在今天，“绿色发展”已经成为中国国家战略的“五大发展理念”之一。中国国家主席习近平关于“绿水青山就是金山银山”等一系列论述，关于人与自然构成“生命共同体”的思想，深刻阐释了建设生态文明是关系人民福祉、关系民族未来、造福子孙后代的大计。“绿色发展通识丛书”既表达了作者们对生态环境的分析和思考，也呼应了“绿水青山就是金山银山”的绿色发展理念。我相信，这一系列图书的出版对呼唤全民生态文明意识，推动绿色发展方式和生活方式具有十分积极的意义。

20世纪美国自然文学作家亨利·贝斯顿曾说："支撑人类生活的那些诸如尊严、美丽及诗意的古老价值就是出自大自然的灵感。它们产生于自然世界的神秘与美丽。"长期以来，为了让天更蓝、山更绿、水更清、环境更优美，为了自然和人类这互为依存的生命共同体更加健康、更加富有尊严，中国一大批文艺家发挥社会公众人物的影响力、感召力，积极投身生态文明公益事业，以自身行动引领公众善待大自然和珍爱环境的生活方式。藉此"绿色发展通识丛书"出版之际，期待我们的作家、艺术家进一步积极投身多种形式的生态文明公益活动，自觉推动全社会形成绿色发展方式和生活方式，推动"绿色发展"理念成为"地球村"的共同实践，为保护我们共同的家园做出贡献。

中华文化源远流长，世界文明同理连枝，文明因交流而多彩，文明因互鉴而丰富。在"绿色发展通识丛书"出版之际，更希望文联出版人进一步参与中法文化交流和国际文化交流与传播，扩展出版人的视野，围绕破解包括气候变化在内的人类共同难题，把中华文化中具有当代价值和世界意义的思想资源发掘出来，传播出去，为构建人类文明共同体、推进人类文明的发展进步做出应有的贡献。

珍重地球家园，机智而有效地扼制环境危机的脚步，是人类社会的共同事业。如果地球家园真正的美来自一种持续感，一种深层的生态感，一个自然有序的世界，一种整体共生的优雅，就让我们以此共勉。

2017年8月24日

（作者为中国文学艺术界联合会主席、中国作家协会主席）

目录

•

2

项目与地方

•

3

项目与教学

序一

教育与环境的跨界：极具魅力的领域

露西·索维（Lucie Sauvé）

在这充斥着我们矫揉造作的生命的世界里，我们有种忘记自身是肉体的、属于某一地方、属于某一背景、植根于某一地方……或是需要植根于某一地方的趋势。呼吸、饮水、进食、穿衣、居住、生产和消费、得到认同、实现梦想和创造……与地理的关系不可分割，并且融入生活环境的每一部分。在生态环境中的相互作用中，我们建造了生态环境，同时我们也是其中的组成部分。迄今为止，环境教育领域的参与者所担任的重担之一即呈现我们在“世界的存在”[①] 与自然和生命关系中的重要性。如果我们没有考虑到这一塑造了我们、滋养了我们的具体根基，那么教育就只是一个被删除的程序，而我们仍旧不是完整的存在。环境教育者在很大程度上丰富了教育领域，其中将 oïkos（希腊语，房屋），我们的“生命之屋”，加入了这一主题。

---

① “世界的存在”的主题由多米尼克·科特罗（Dominique Cottereau），在环境培训研究团体的背景下研究展开。

其次，与环境相关的教育领域从业者将目光聚焦在社会生态现实的复杂性、构成我们世界组织的关系网络、丰富的交叉和断裂之上。环境教育者敏锐地认识到人和自然之间的决裂与人类内部的决裂有着紧密的关系。在整个社会中，在不同的社会背景下，环境教育者不断更新他们对社会发展的基本贡献，关系到贫困、滥用权力、社会内部不公平以及觉醒等尖锐问题。[①] 生态社会的构建者，他们认为教育者的社会角色很重要，与环境教育批判和政策层面相关联。在培养生态公民责任教育中，生态环境建设者在促进参与的民主性的同时，努力构建生态公平。

环境教育领域的参与者同样也强调了多样性的概念。生活方式的多样性：从遗传学到景观，从物种到生态系统和生物区域。了解、介绍、鼓励、推动……但是更多的是，他们强调自然与文化的紧密关系，由一生二。文化的多样性和自然的多样性相互交错组成生态文化的多样性，以便于推广：生命系统的丰富性取决于其他组成部分的多样性。身份认同

---

① 示例：伊莎贝拉·奥莱拉娜（Isabelle Orellana）等。对帕斯库阿·拉玛（Pascua Lama）的采矿项目的社会抵抗运动中与环境相关的教育领域批判研究。《环境相关教育——观察、研究、思考》2008，第 7 期，23—48 页。

和相异性——区分和联想[1]——是生命系统中两个互补的组成部分，它们推动了动力平衡。在反对商业全球化造成的单一文化的行动中，环境教育参与者希望提高非单一文化构建的挑战，而这非单一文化包括对现象的批判参与、反抗、冲击性和团结性方面的构建。

多样性的概念也和环境教育者试图宣传的知识相关，通过促进多学科和知识形式之间的对话来展开。多样性的概念同样出现在非常丰富的“多样性教学”中——研究方式、战略、教学方法的多样性——在过去的四十多年中由“环境教学”的从业者们发展起来。考虑到教学建议的不同种类——不同的环境教育理论与实践[2]——推动了教育项目的概念，它不仅考虑到环境问题的复杂性，而且考虑到与环境相关的多重维度。环境相关的教育参与者至今已经展现了非常棒的教学创新能力。

最后，多样性的概念带领我们考虑到这些参与进来的行

---

① 查亚·海勒（Chaia Heller），《欲望、自然和社会。日常中的社会生态学》蒙特利尔：生态社会，2003，197—200页。

② 露西·索维（Lucie Sauvé），环境相关教育领域复杂性与多样性。《经过的路——环境教育跨学科杂志3》，2006夏，51—62页。

动者，他们是在环境教育中的“学习者”[1]合作伙伴。反过来，这些教育者将落实一些举措，使得参与者可以被邀请来在一个认知的工作或社会行动项目的核心部分共同学习。这涉及知识、能力和其他资源的流动，以便发展行动能力：学习去改革、去创造、转换社会现实和自身转变同时进行。

因此，和环境相关的教育领域就相当于一个富饶庞大的工地，拥有众多相关从业者先驱，并且接纳所有的贡献：以持续构建我们与世界关联的基础为目标，并不断丰富更新在地球上共同生活的项目——通过时间、空间、文化和多样的人类经验形式——我们有太多太多需要做的了。

为此，这本环境教育实用指南可以“集众家之长”，并且总结从业者的多种理论与实践的进步，提高他们建立的机构的价值并且让他们开发的资源被人所知：结果是卓越的，特别因为它是一个勇敢和慷慨的集体进步的结果，通常是反潮流并且没有足够支持的。但是同样——尤其是——这本指南在社会生态现实基础上，呼吁通过“相关”项目来跟随着教育行动，并激发集体和合作伙伴的工作意愿。这本学校自然

---

① 扬尼克·布鲁塞尔（Yannick Bruxelle）。我们可以谈论环境教育中学习合作者吗？《环境相关教育——观察、研究、思考》2002，第3期，37—62页。

网络出版社的作品在环境教育领域为启蒙教育和专业发展的深造和创造，提供了一个不可多得的高质量资源。

祝您阅读愉快！有好的启发！有好的项目！

序二

一本全新的指南

“在1995年的时候，为了推出其环境教育项目，学校自然网络出版社第一次出版了这本实用指南。”本书凝结了多人的心血，之后又修订了四次。最新的版本是2001年，环境教学被普及、被制度化，并由于可持续性发展理念而变得丰富。总的来说，环境教育领域有了特别的发展：这也是更新这本实用指南的主要原因。不仅仅是对指南的重新修订，更多的是提供可以捧在手里的全新指南。

多重环境教育

环境教育不仅仅局限于一种，而是有多种方式。环境教育者也不局限于一种，而是在丰富的内容中，在环境教育中扮演着不同的角色。并不是只有一种方法来思考环境教育，也不是仅有一种方法体验并且让别人来体验这种环境教育。这就是为什么本书是指导多样实践的指南，而不是单一的实践内容。

两本作品合一

《环境教育实用指南：人文主义与环境保护》，是学习如何建立一个环境教育项目的方法手册，同时还描述了环境教育的现状，确认了它的价值并讲述了如何推动环境教育建立国家法规的道路。这本书出品于学校自然网络出版社——环境教育创立者的国家团体。虽然它没有谈及文化方面……但是在字里行间都体现着它的文化。通过文字来解释环境教育对参与者给予的价值。实际上环境教育，并不是广告，也不是宣传，也不是信条，更不是强迫别人接受的戒条。

作为读者的新参与者

这本指南所针对的主要读者更像是新的参与者：新的活动组织者、新的教师、新的集体技术人员、新的项目负责人……一个参与者可能已经在其他领域拥有经验，但是在环境教育的项目中他们是新人。当然，经验丰富的读者不会被遗忘：培训者、业内活动组织者、项目承办者都可以给这本书提建议或是从他们的参与中汲取灵感。

从全球背景到教学行动

本书包括三部分

第一部分描述了法国环境教育的概况：历史、价值、重点、参与者、行动者……比如，一个地区的团队教育活动负责人可以从中了解环境教育行动者之间的必然联系。更笼统地来说，所有在环境教育这个大领域中落地项目的读者，都可以在本书找到自己需要的答案。

第二部分讲述了项目的方法。这一次，环境教育机构的教学负责人、教授、机构领导……总而言之，项目的组织方的执行者，在这里都找得到可以遵循的方法步骤，来很好地实践他们的想法。

第三部分，定义了教学的可能性。活动组织者、教学者、组织者的培训者、实习生本身……这些执行者会很具体地和参与方共同作用，了解过程方法与工具。

三个讲述者和两种级别的阅读以方便读者

每个章节涉及一个不同的内容，并且有数个不同的讲述者参与。

方法的引导者正式地来说是在项目实施过程中一直伴随着读者，讨论活动的意义，并将项目放置在一个大环境中：“我建议你这么做。”

这本指南包含了学术性的内容和实践性的内容：“我建议你在这一步骤使用这种工具。我提醒你有哪些参考。”

两者合一，最后，通过讲述自己的实践“看，如果要实现这个举措，我是这样做的”来启发读者。通常在“他们已经做了，是有可能的”或是“思考环境教学”标题之下。

直接路线和迂回线路

指南中每一章节的标题都是由动词起始的句子：渗透环境教育的价值，考虑环境教育的关键，将项目融入地区政策或者定义项目教学目标。读者被邀请跟随着设定好方向的路线走。这是一个邀请，而不是一种规范，也不是一种方法。在这个过程中，不断提出问题，考察实践、概念、价值……所以，不管这个路线是直接的或是突然迸发的，还是迂回的，参与项目的读者们，祝你们旅程愉快！

1

环境教育的项目与境况

环境教育的领域就如同真正的风景，世界的一部分，满足我们好奇的目光，给我们提供一个不断演变的有活力的土地。通过观察这一境况，我们可以感受到塑造它的价值与问题，并且可以猜测那些存在于曲线、直线、高速公路、曲折迂回道路上的历史事件。在我们走近它的过程中，众多行动者、志愿者和工作人员，教员和活动辅导员，教师和培训师，技术人员和当选代表的丰富多彩的多样性更加清晰，这些人投入到为我们共同生活的地球服务中来，并与我们产生互动。

价值

渗透由环境教育行动者带来的价值

环境教育不是微不足道的工作。教育工作者自发的，不改变任何宗教信仰，邀请那些有意愿接近自然、接近他们的乡村或者城市环境的人，让他们融入其中，与之面对……在复杂的环境中，让人们去碰触、感觉、想象、体验、遐想并思考、构建、修改或者保存……环境教育工作者，在带来项目之前，首先带来的是价值，要么分享价值，要么与他的同行或与其他价值系统做对比。

价值，是个人来裁决公平、正确、美好、积极或重要与否的标准，或多或少参考了历史上的判断（根据阿兰·雷（Alain Rey）所编纂的法语历史词典）。这些价值可以是道义上的：这些是社会规范和准则，它们定义一种道义并且引导行为。价值也可以是伦理的：那么这些人生信条则是由个人信仰带来的［扎里费昂（Zarifian），2008］。一旦我们的个人判断趋于一致，那么我们一致认为这是公平、正确、美好、积极重要的。

秉承着开放的，适应生态、社会与经济变化的精神，环境教育者以网点和协会的形式组织起来，深入到对他们所带来价值的不断的批判分析与质疑中。例如，在 2008 年春天，学校自然网络年度大会上，出版社邀请了环境教育业内人士就教学实践和道德行为准则之间的关系进行探讨。2008 年底，中央大区自然环境活动和启蒙教育团体中心（GRAINE Centre）将杂志《中央大区的萤火虫》的特刊命名为《环境教育，待分享的价值……》，在这本出版物中，环境教育者、辅导员、老师、协会负责人讲述并表达他们的信念。

意识，教育，培养

在教学情境中，增强意识比提供信息更具吸引力，比教育与培养更吸引人。然而是否要在这一点上进行等级划分，甚至反对联动行动？既然知道所有人都需要求助于教育措施和教学方法，它们不是应该被更好地结合起来，并使它们适应目标、背景和人来融入教学情境吗？

意识

对环境的意识是由不同的参与者自然表达出的意愿，他们可以是活动辅导员、技术人员、当选代表或者协会志愿者。意识，是对一件事物产生想法，从而对其行动。并且，意识，是从意义中觉察，提高一种敏感性，同时也是证明感知，对一件事物或者某个人的出现做出反应，打破那种漠不关心。

是感知将我们与世界联系在一起，它让我们与现实保持联系。这些感知的总和构建了我们的意识，而这种意识不是固定的，它随着环境、与其他事件的联系而演变，并引导我们做出决定。“没有意识的话，就没有任何可能的知识形式。”（科特罗，2003）

陪同构建

“教育 éduquer”这个术语，由拉丁语 educare 一词发展，源自“喂养”这个词。它决定了一个个体的智力、道德和形体的形成。“教育”还源自 ex-ducere，意思是“朝着另外的方向”。教育是伴随着个人塑造、进步、摆脱束缚的过程。是让一个人能够产生独立的批判性想法，并有能力参与并发展他所属的社会的管理与建设中。教育通常来自三个方面：家长、老师、社会团体，他们会带领个体“走出自我”，通向一个更加广阔的世界。

获得，为了再次投入

“培养 Former”源自拉丁语 formare，意思为给予神和形。

培养通常是对一个人的培训，通过某件事情让他学习到某样事情，从而达到某种目的：培训涉及在一个限定的社会、文化和经济背景下，通过正在学习的主题来获取知识。通过培训，我们获取知识，并且在此基础上再投资新的内容、实践、技术、理论……但是培训不仅仅是对知识的关联（或是技术能力），它是世界的关联，它是对在这个世界上每一个生存个体的构建。培养涉及所有人（科特罗，2001）。

他们考虑环境教育

意识、信息、传播

意识涉及信息（事实、评论、观点、数据）和传播（融会贯通）两个方面。在信息方面，重要的是将内容传递出去并呈现出来。在传播方面，需要考虑到传播的对象是谁。我们关心的是受众是否“接收到”信息并且是否适合。

传播意味着：

- 目标群体相关的意愿（目标群体的关键）

- 对内容的关注（目标群体的意义）

- 对形态的关注（接近目标群体）

- 对受众影响的关注，以及因此而组织的收集反馈的方法（目标群的监管）

在教育中，“授人以鱼不如授人以渔”（梅勒（Meirieu），2004）这里意味着：

- 定位人们的需求，
- 考虑与时间的联系（放置在因果关系中）
- 能够为了了解而行动，为了做出决策而了解以及为了行动而做出决策，
- 创造良好的条件来组织已获得的知识
- 对个人和团体的能力均积极对待

2008年5月，夏朗德自然组织内部培训制定标准
米歇尔·霍托兰（Michel Hortolan）
普瓦图-夏朗德大区自然环境活动和启蒙教育团体
第18号文书，2009

他们做到了，是可行的！

自然与探索（Nature & découvertes）基金会的教育和启蒙

自然与探索（Nature & découvertes）基金会是在法国基金会的支持下建立的。公司将 10% 的营收投入到基金会中，为的是在经济上支持保护环境和了解环境。2008 年，42 个启蒙项目和 17 个教育项目分别接受了高达 313 870 欧元和 125 544 欧元的资金支持。基金会将教学项目分为环境教育和启蒙项目：出版记

录文献、制作视听或多媒体物料，以提高大众或是目标群体的敏感性。首先是针对孩子，其他针对大众。这个基金会，教育内容更多针对的是孩子，“其他的教育，是为了所有人并且是终身教育”。

不同类型的环境教育

环境教育并不只有一种类型，而是有很多种趋势，他们之间有可能会相互结合。露西 · 索维（Lucie Sauvé）（1994）介绍了由 A. M. 卢卡斯（A.M.Lucas）（1980—1981）提出的划分环境教育类型的理论，并且这一类型学在伊夫 · 吉罗特（Yves Girault）和塞西尔 · 福尔丹 - 德巴尔（Cécile Fortin-Debart）（2006）《国家环境教育现状和展望》的研究中仍在使用。然而后者明确指出这一类型学应该被视为“一个用来分析状况的工具，而不是现实状况的反映”。在实践中，这些趋势的临界点是可相互渗透的，所有的交叉都是有可能的。

当知识占领导地位

以环境为主题的教育，最通常的形式是，“以内容为方向：它是环境相关知识的获得以及获得该知识的技能。环境是学习的对象。”（索维，1994）

强制环保举动和社会舆论

通过环境教育，“我们学习解决并预知环境问题，以及如何调配集体资源。环境成为目标。”（索维，1994）。这种教育方式使得由罗博登（Robottom）和阿尔特（Hart）提出的两种相反趋势隐约可见：“一种积极的研究方式，让大家接受由专家和政府规定的，集合了对环境最友好的行为和态度；另一种是社会舆论趋势使得学习者根据和他们直接相关问题的调查研究，来做出他们自己的社会选择。”（吉罗特和福尔丹-德巴尔，2006）

与人相一致的属性

环境教育是一种教育策略，它是指学习如何与环境构建联系，要么从校外环境中学习，要么从生物物理学或者我们所生活的环境中学习。在通过环境来教育的过程中，“环境是学习的场所同时也是教学的源泉。”（索维，1994）以人为中心的目标是将参与者与环境建立起关系。环境，就在周围，可以通过自己学习，推动价值和能力的显现，带来与其他（人和其他活着的生物）相关的自我定位。

与环境相关教育的不同类别总结（福尔丹－德巴尔 2006）

环境教育类别（卢卡斯，1980—1981）	在环境教育类别之下（罗博登和阿尔特，1993）	首先目标	关注点
以环境为主题的教育		获取知识	知识
以环境为目的的教育	积极研究方式	改变行为，接受有利的行为	社会改变
	社会舆论趋势	将调查研究与集体选择转变成社会实践	
通过环境或者在环境中的教育	解释研究方式	在个人和他的环境中创建坚固的联系，发展价值，推动情感同化	个人和他周围环境的关系

他们考虑环境教育

超越知识量

“我要教他们什么呢？”大多数时候，一个自然活动辅导员在和他的团队出发去场地之前，他们都会自问：“我想在孩子与环境之间建立什么关系？”核心是关系的建立以及关系建立的类型，聪慧的、感性的、运动的、想象的……不同类型的关系所带来的是完全不同的结果。我们到底想要什么？孩子能从环境中最大限度学到什么？是知识量确定了他尊重和保护自然的能力吗？已经被证实知识量不会对行为的改变有什么影响，行为是通过“其他”来改变的。

埃尔维·布鲁涅特（Hervé Brugnot）
“珍稀矿石”休闲探索中心（la Roche du Trésor）[①]
培训师 （25）
《绿墨水》杂志，第47期，73页

教育实践和道德准则

审视一个人的道德准则，其中包括探究他的教育行为的定位。而根据一个人的伦理来审视他的行为，是通过这些教育行动，在说与做之间，在所思考的、所信仰的、通过教育活动给参与者带来的生活之间寻求一致性。以这种方式审视，更加贴近每天的现实状况，同时面对另一种价值系统时可以更好地应对，并避免陷入传布信仰的狂热中。

① Roche du Trésor：汝拉山脉给孩子提供住宿培训的组织。（译者注）

几个例子引发的思考……

活动辅导员带领着团队在大自然遇到了一只瓢虫；他把它抓住并放入了自己的袋子里以便带回去观察。另一个辅导员俯下身来，观察瓢虫，并且让其他参与者一同俯身观察。他们观察这个昆虫，描述它……然后继续俯下身来，和瓢虫保持同样的高度。对于6岁的孩子来说，第一个活动辅导员，是一个非常有权力的人；第二个则是非常注重观察的人，一个可以跪在苍蝇面前的巨人！两种信息的传达非常不同。

一群来自有着严格教规的宗教学校的孩子们，在农场的活动中，孩子们被告知："是上帝创造了鸡。"我们要做什么呢？回避这个主题？否认并且抛弃"他"的信仰？提出不同的假设？不管怎样，当别人的道德准则和我们不同的时候，我们该如何尊重其他人的道德准则？

当我作为"协助辅导员"，发起人希望在教育信息中反映公司或者是当地社区的有导向意图时，我们应该接受、拒绝还是区别对待？如何做才能与自己的道德规范保持一致？

定义道德准则

道德准则，是每个人各自的身份（在内心深思熟虑的情况下），同时也是他所归属的群体的身份（这可能会导致自相矛盾甚至是冲突）的价值观。作为哲学范畴的道德伦理，反映了事件的终极性、存在的价值、公平与美好的意义。“道德准则并不仅仅是社会的，它首先是个人的并且有着普及化的潜力。道德标准是通过人生的知识与经验，以及我们的信念产生的。”（扎里费昂，2008）

日常环境教育行为的道德标准，是对人类宜居社会行为的反思，也是对社会理想和生存方式的追求。运用到生态问题中，道德规范是为了寻找“问题缘由，并对之照顾”。（扎里费昂，2008）

他们做到了，是可行的！

在学校自然网络出版社组织的一次研讨会及探讨日上（2007—2008），环境教育的实践者探讨了他们的实践和参考价值相结合的点。目的是试图识别信念或警惕性，并将其命名。并在研究教育和教学行为中寻求一致性。

《实践与道德规范……环境教育实践者研究价值之间的关联》

学校自然网络大会会刊，2008 年

实践中的价值与伦理，推动探索，即感知与现实生活的联系。

环境教育实践	信念，一致性的研究	警惕的点	价值与伦理
与时间的协调	判断是否是有回报的投资	“合作—处理”时间和节奏避免放纵主义	尊重节奏和人
收集每个人的表述	用每个人具备的东西制作； 好奇； 欢迎多样性； 认知	没有价值的偏见； 对嘲笑的关注； 犯错的权利	尊重每个人的想法
在选取的主题中允许感官的浸入 帮助敏感的表述	通过肢体接触具体地将概念内化； 允许感情上和心理上的求助	避免解释：我们处在最初的理解的状态中	与世界的关系； 和谐； 给创造力留空间
选择一个环境	选择环境的标准； 对土壤或是现实环境的整体担忧	考虑简化人们的发展道路、摸索以及询问	舒适； 信任； 有效率的行为准则； 陪伴
与土壤的关系：观察、抓住信息、交换信息、制造信息	完整盘点清单（从一开始的分析过程）	不要让信息滞留 不要简化	复杂的道德规范
重新建立和呈现复杂性	相互依赖； 系统性的看法	意识到所有在纲要之外的观点	道德规范的理解； 对世界的依赖

教育为了改变行为?

现在已经证明，虽然知识是必要的，但是它们不足以让个体自我意识到责任感并改变个体的生活方式。为保护地球环境而做出的行动越来越紧迫，越来越多的实践向着环境教育的方向迈进，环境教育推动了从思想到行为改变的进程。

要求改变还是决定改变

从实证主义的角度来看，行为的改变是由专家的论述所要求的。比如说尼古拉·于罗（Nicolas Hulot）基金会通过“为了地球的挑战”的项目；环境与能源管理所（ADEME）通过诸如“减少我们的垃圾”之类的活动。再比如通过环境部门的网站宣传。在环境教育被认为是社会舆论趋向的背景下，行为举止的改变是由解决问题的人，并参与提案的集体过程的人来决定。

从为什么到如何

改变行为举动来减少垃圾、节约能源、保护水资源、保护生物多样性，等等。“为什么”的问题已不再被提出。但是如何改变我们的行为？而且，如何引导我们改变行为？“如何”的问题变得越来越令人感兴趣。2006 年，比利时意德（IDEE）环境教育信息与传播网络组织了一次学术研讨会，在这次研讨会期间，一位心理疗法专家、一位教育学家、一位研究市场的教授被邀请来分享他们对这个论题的看法。2007年，在探讨日，学校自然网络分别邀请了社会心理学、社会学、教育科学的研究人员来积极参与探讨行为改变的话题。

伴随改变

让人改变行为，这可能吗？如果此人不是自愿改变，那么动员其改变将会是一个长期工作。就如心理疗法专家让－雅克·维特扎尔（Jean-Jacques Wittezaele）明确指出（《共生》杂志，第70期，比利时网络环境教育信息与传播）："我改变别人的意愿越强烈，他对改变的反抗就越强烈。"他建议努力站到当事人的角度去看这个世界，并且向当事人提问在这种变化中当事人将要失去什么。

不强制获取：引起争议的技术

社会心理学研究者罗伯特－文森特·焦耳（Robert-Vincent Joule）和让－莱昂·波伏瓦（Jean-Léon Beauvois），在他们的著作《诚实人操控短论文》（2002）中列举了约十五种无须施加强制就可以获得的技巧。下文列举了四个在学校自然网络的探讨日，关于公民生态主题的例子：教育是为了参与到日常活动中？但是需要强调的是，这些技术在教育者群体中是被争论的内容。事实上，这些技术基于特定的意图，有时甚至是被操纵的，即便教育科学研究者多米尼克·巴切拉特（Dominique Bachelart）在当天重申“教育并不是强行布道，但教育也不是中立的”。

方法技术	原则	示例
得寸进尺法	通过先提出一个小的请求来说服被劝说者同意一个较大的请求。	请求人们在花园里贴一张小的交通安全海报，之后再请他们树立一个醒目的牌子让车辆注意安全。
贴标签法	这是先前使用的最优化的一种方法。内容是，一旦第一个请求被实现，通过使用标签来强调这种行为或是它们的价值符合预期行为。	在第一时间内，向一个人问路（预期行为：帮助别人在地图上指路）然后跟他说：“能遇到像您这样好的人我真是太幸运了。”（贴标签）接下来，将一张纸币放到他的手里，“您好像忘了钱。”最大的可能性是这人拒绝拿这不属于他的钱。经历过“贴标签”的路人拒绝钱的可能性比没有被“贴标签”的人高五倍。
肢体接触法	触摸一个人（肢体上的接触，比如用手拍对方手臂）会提高他配合的可能性（行为的改变，对外力的回应）。	被触摸的学生比没有被触摸的吃得更好。被肢体接触的病人能更好地遵守医嘱。经常有肢体接触的学生对到讲台上做习题的主动性更高。
可以自由选择	在明确提出一个请求之前，使用“您可以自由选择接受或是拒绝”。通过强调自由的感受，我们会带给别人一种不是被强迫着作出决定的感觉。	不好意思，您是否有零钱可以让我坐巴士吗？看您是否方便。

考虑可持续性发展

单一发展模式？

目前，可持续性发展的概念正变得越来越重要。通过政治演讲、某些大企业的宣传，可持续性发展周活动的举办，可持续性发展的概念在法国已经非常普及（甚至有些烂大街）。[……] 可持续性发展的理念需要考虑很多方面。可持续性发展的理念对我们整个教育模式提出了质疑。环境教育显然是建立可持续性发展的手段通过它带来的价值，因为它所承载的价值观念是自主性、打破束缚、团结、责任、合作。那么，为什么要谈论以可持续性发展为目的的教育，仿佛只有一种发展模式，且像它一样具有可持续性？

弗朗西斯·图贝（Francis Thubé）

（法国可持续性发展环境教育团体联合负责人）

在联合国以可持续性发展为目的的教育十周年国际研讨会

“为了可持续性发展在教育方面的进步和建议”的演讲节选

巴黎，2006 年 6 月 14、16 日

成长比发展更重要

“需意识到成为地球公民的急迫性。‘发展’的概念，即

便在‘可持续’这个温和并且润滑的外衣包裹下，仍旧包含着这种盲目的技术经济核心，而人类所有由物质增长引发的进步都是为了追求这种技术。重要的是重新奠定发展的概念，发展概念在全世界的应用破坏了传统的团结，带来了腐败和自我主义。发展概念必须变为成长的概念。”

埃德加·莫林（Edgar Morin），

哲学杂志，第 6 期，2007 年 2 月

破旧而出新

经济、环境、社会，这三个范畴的平均主义观点是一个被视为教育灾难的问题！所有的事物都保持平衡，而且我们确信只要我们处在可持续发展中世界就会运作良好。我们总是忘记说正是这种平衡才是我们需要达到的目标。比如，为什么不示意性地打破这三等分的平衡来呈现世界的状态（经济、环境、社会的多种形态）。象征性的形象也就不那么糟糕了！经济、社会和环境都处在同一地位，使手段与目的之间的混乱持续下去。

而且毋庸置疑，它少了一个范畴：文化群体、感性的人、艺术家？可持续性发展只在环境资源、原料、储存方面和我们相关。但是，实际上我们传授很多与环境相关的其他方式：感情、意识、时间性甚至是灵性的开发。它最终证明人类可以并且必须以一种温和的方式来消耗自然。

该示意图倾向于分离而不是联系，并且强调行为主义，强调通过建立条件和强化训练来完成目的的教育原则。它鼓励从“训练”中不假思索地保护生态的行为。它站在跨学科和系统性的思考的对立面，而这种思考恰恰促进想法与行动趋向一致。在购买了低耗能灯泡、有机堆肥机或是电动汽车之后，它是否会最终止于忏悔来获得内心的平静?

因为我们会考虑地球的阶段性，并且我们尊重后代，在这张示意图中缺少了两个方向，时间与空间，而这两点同样应该作为所有人阅读的关键来传授。

可持续性发展带来了另外一个需要警惕的重点：亲身去环境中，不要局限于围着概念在屋里转圈圈，并对着三个圈圈的“PPT”看了又看。可持续性发展也和我们生活周遭、外围、大自然中的事物一起相互研究。不要忘记勇敢地走出去！

扬·瑟比尔（Yann Sourbier），《绿墨水》，第 48 期，2009

在参考书目中查阅其他关于可持续性发展的书目，249 页

可持续还是非可持续……

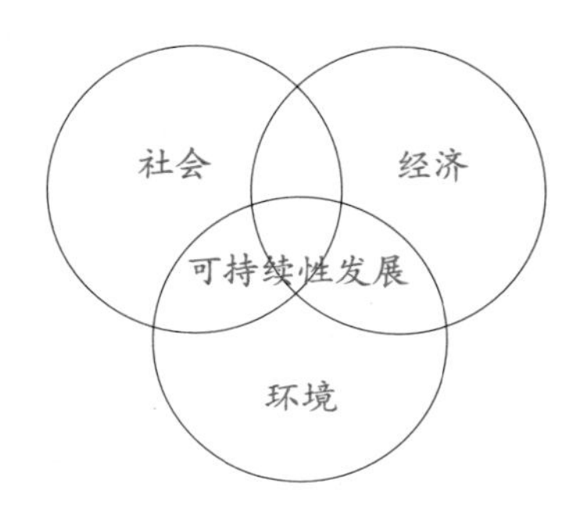

社会，经济，环境(可持续性发展)

可持续性发展在布伦特兰(Bruntland)(1987)的报告中被定义为“一种满足当代需求，不损害后代需求容量的发展”。他提出要同时考虑人类社会发展的社会、经济、生态学甚至文化的层面，避免那些严重的灾难并且提高公益在今天和未来的普及程度。

来源：环境教育研究培训中心(IFREE)

《简报》，第1期，1998年8月

历史

了解环境教育的历史

环境教育有时仍被认为是一个新兴职业领域，但它已经有了一段历史。环境教育每十年就有好几个发展阶段，远未达到完全推翻之前内容的阶段，就会增加更多新的实践与论点，新的行动者与挑战。

在大众普及教育与革命的土壤上

在启蒙时代，在法国，伴随着卢梭在《爱弥儿：论教育》中提出教育的三大导师：自然、人和物，诞生了环境教育。在大众普及教育和革命之后（1830，1848，1871……），环境教育的开展更为普遍。1792 年，孔多塞侯爵，在其关于《公共教育的总体组织》报告中将人类分为两种阶级，一种是理性的人领导别人，另一种是盲从的人受别人统治。他倡导一种向大多数人传播的知识并提出两个阶段的教育：初级教育和终身教育，为的是每个人都可以蓬勃发展并且找到自己的公民身份。孩子的全面发展——和成人的性质是一样的，是由塞莱斯坦·弗赖内（Célestin Freinet）提出的一项重要原则，他是培训师、教育学家，1935 年在旺克创立了一所学校，并且他认为学校是改变社会的一种手段。1936 年，人民阵线提出了带薪假期……这样就让人民有时间去探索他们的环境。负责体育和娱乐组织的国务秘书里奥·拉格朗日（Léo Lagrange），重新启动大众普及教育和社会旅游运动：活动教育方法培训中心（CEMEA）和青少年娱乐活动俱乐部（CLAJ），以及新的青年旅舍群体由此诞生。

这一运动体现了参与社会和政治辩论在每个地区实施环境教育政策的愿望。

20 世纪

环境研究

20 世纪 60 年代，在学校领域，一些教育革新者带来了最早的野外学校实验。农业教学也开设了教学实践并开设环境中的学习课程。1968 年之后，回归自然和溯其根源的理念产生，70 年代发生了石油危机，第一轮石油泄漏，但同时也创立了环境部并颁布了自然保护法。校外的探索课程也组织起来，包括白色课程、绿色课程和红色课程。[1] 农业教育在教学计划中引进了生态学，并且创立了自然保护高级技师证书（BTS）文凭。也组织了科技活动，从天文俱乐部对生态学的引入，到最早在魁北克创立的“小机灵鬼（les Petits Brouillards）”的到来。知识性和保护自然的组织越来越多，并结成同盟。我们还可以看到第一批自然启蒙中心和有名或无名的其他教育组织的发展壮大。这是自然活动的时期。70年代呈现了一个由满腔热情的人们发起的大量实验和行动：我们创造，再创造，再创造……我们播种，我们成群结队，我们热爱……

① 法国的校外探索课程分为白色课程、绿色课程和红色课程。一般白色是去大山、雪山，绿色是去森林，红色是和海洋相关的活动；还有一种分类为绿色是春天的探索课程，白色是冬天的探索课程，红色是秋天的探索课程。

从环境中学习到生态公民身份：

20 世纪环境教育精简历史［拉贝（Labbe），2002］

	60 年代	70 年代
该时期……	……从环境中学习和探索的娱乐 学习我周围的东西并且我走出去探索……	……自然活动，科学活动，历史活动。 我被这些领域所吸引，我收集或保护……
与……	人们 探索者 – 各种博物馆（皇宫、博物馆……） – 教育者和教授，新的教育学…… – 童子军、大众普及教育、户外、青少年和体育 – 农业教育 – 学术性的社会和自然主义者社团	团队 发明者 – 专业组织（全国青年科学技术协会）和大众组织（全国教育、社会和文化机构与活动联盟，活动教育方法培训中心，法国童子军……），唤醒，移居课程…… – 地区自然公园、国家公园，环境长期启蒙教育中心，生态博物馆……青少年和文化之家
在……领域	信息 研究 敏感性 身份 调查	活动 教学 保护 规定
在……环境中	经济膨胀，现代化和科技进步	“环境 – 社会 – 环境”危机，现代化并回归自然和我们的根基 1972: 斯德哥尔摩（第一届地球峰会） 1977: 第比利斯（环境教育的目的）

1990	
……通过环境和为了环境的教育，遗产的多样性。 我交流，我和别人一同工作，我沟通并且传播……	……生态公民身份和文化介入。 我想要行动，我想要参与，我将它纳入文化，我聆听大众的声音……
网络 召集者 – 网络的自我发展（科技、自然、遗产）：学校自然网络、青少年科学文化联合协会团体（CIRASTI）、促进可持续性发展和国际团结的信息与档案网络（RITIMO）、农业和农村协会研究和联络委员会（CELAVAR）…… – 比赛和活动日 – 资源中心、合同和品牌 – 各部之间的礼仪，培训……	关键 重要角色 – 职责和新兴职业的认识（职业化，文凭……） – 关键点和论点（世界性、地区性）：可持续性发展、城市环境、让城市更活跃、健康、消费、垃圾、遗产、水…… – 合作伙伴、基金会 –（生态）文化旅游，教学工具
教育 价值 传播	阐明 加入 合适
协同作用和当地发展， 将领土和重要角色发挥价值 1987: 布兰德郎德报告（可持续性发展定义）	成为间接 环保意识 私有化 1992：里约热内卢（第二次地球峰会）

……环境教育群体

1983 年，学校自然网络秉着教师与活动者的交流与分享的理念成立了，他们与各自的班级和团队共同实践，在自然中教授环境与自然知识。通常在同一运动中，环境教育群体以地区或是大省为单位，本着汇集、综合、促使成员共同生产并共同思考的宗旨，应运而生。在 20 世纪 80 年代和 90 年代，我们一点一点从自然概念转到环境概念，从活动概念转到教育概念。环境教育者将环境视为研究对象，如同一系列待解决的问题，如同要保留的遗产或者是一种教育手段，迅速让个人发展。在新千年伊始，目标、工作方式、参与者都以飞快的速度在变化。这些实践者重新趋近于广义的教育，他们非常关注人类和社会有机体以及自然和物理环境。可持续性发展的概念露出苗头，并已经开始探寻。

21 世纪

组织环境教育

在地区范围，教师在其学校进行环境教育，并在各种组织中担任活动辅导员或教学负责人。活动辅导员、教师、环境教育组织以及其他法人能够在大省、大区或是全国的群体中互相认识，来交流他们的实践、汇集资源、共同建立项目。在全国范围，结合 2000 年举办的第一届全国环境教育会议，创建了法国环境教育团体。它聚集了四十多个来自全国民间组织，并力图组成一股提案力量，为法国可持续性发展环境教育的发展制定政策、行动和方向。在有些地区，成立了地方团体，在规模上设定了相同的目标。最后，在有些大区，正在建立旨在使有关各方聚集在一起制定地方环境教育政策的平台或协调空间。自 2003 年以来，来自世界各地的行动者都能参加由国际环境教育大会（WEEC）协会组织的全球会议。

官方文献

“环境教育和培训必须有助于行使基本宪法规定的权利和任务。”

第 8 条，法国宪法之环境法，2005 年 3 月 1 日

行动者

旨在促进法语国家共享可持续性发展环境教育的非政府组织（L'ONG Planet'ERE）

该非政府组织创立于 1997 年，在 2004 年提交其章程并将其定义为国际组织，通用语言为法语。它的首要任务是帮助发展环境教育，使其可以成为改善所有居住在地球上的人们生活质量的驱动机。

国际环境教育代表大会（WEEC）

自从 2003 年以来，国际环境教育代表大会协会周期性地组织国际环境教育代表大会（WEEC），目的是推动所有和可持续性发展环境教育相关人员的交流碰撞。

活跃的十年！

编年大事记

1997	第一届蒙特利尔全球环境教育，国际法语区首次环境教育大会。
2000	里尔全国环境教育大会。法国环境教育团体（CFEE）的正式成立，该团体后来成为法国可持续性发展环境教育团体（CFEEDD）。集体编写《国家环境教育发展行动计划》。
2001	第二届全球环境教育论坛在教科文组织的支持下，由法国可持续性发展环境教育团体（CFEEDD），先后在大区和巴黎举办。
2002	约翰内斯堡可持续性发展全球峰会。法国可持续性发展环境教育团体（CFEEDD）提出对可持续性发展环境教育（EEDD）的定义以及他们的身份。
2003—2008	法国对定义并实施国家可持续性发展战略（SNDD）的承诺。国际环境教育代表大会（WEEC）在葡萄牙举办。
2004	全国教育通函：可持续性发展环境教育（EEDD）的普及。EEDD 国家观察研究所的创立。无政府组织全球环境教育的创立。国际环境教育代表大会（WEEC）在里约举办。
2005—2014	由联合国发起并由教科文组织推动的可持续性发展教育十年国际章程。
2005	布基纳法索全球环境教育 (ERE) 论坛。联合国十年可持续性发展教育法国国家委员会的成立。环境宪法被写进法国宪法。国际环境教育代表大会（WEEC）在都灵举行。

2007	全国教育通函：可持续性发展教育（EDD，语义学转变）普及的第二阶段。环境对策搭会议（Grenelle de l'environnement）。国际环境教育代表大会（WEEC）在德班举行。
2008	由雅克·布雷根（Jacques Bregeon）主持的“可持续性发展教育”团体第一份报告的发布，法国可持续性发展环境教育团体（CFEEDD)参与其中并且对环境对策搭会议（Grenelle de l'environnement）的进行后续工作。
2008—2009	组织第二届全国可持续性发展环境教育（EEDD）全国大会国家范围和地区范围的动员。EEDD的地方大会在65个地区（国家，大省或地区）召开。
2009年10月27—29日	第二届全国可持续性发展环境教育（EEDD）大会在卡昂召开。国际环境教育代表大会（WEEC）在蒙特利尔举行。

环境教育制度化

旨在普及可持续性发展环境教育（EEDD）（2004）和可持续性发展教育（EDD）（2007）的国家教育通告。2005年，环境宪章第8条提到环境教育和培训。2006年，欧盟采用了新的可持续性发展战略，将教育和培训定义为跨学科问题。联合国启动了“可持续性发展教育十年计划”国际项目（2005—2014），并且成立了教科文组织指导委员会。环境教育的制度化，是实地行动者和为了环境教育普及做出努力的群体的成功。这同时也是行动者运用到实践中并改变格局的新的教程。此外，由于分配给志愿组织的公共援助减少，志愿组织面临危险。因此，他们必须学会和已经成为文化的一部分的公众权威合作。与此同时，在环境教育领域使用公共采购招标的情况正在增加，而协会与地方当局的伙伴关系协议则在减少。环境教育协会和环境教育群体圈，比如阿尔萨斯大区自然与环境启蒙教育协会（ARIENA），罗讷—阿尔卑斯大区自然环境活动和启蒙教育团体（GRAINE）或是学校自然网络，都认为可持续性发展环境教育不是一种服务，而是一种合作的伙伴关系。

参与定义环境教育的条款

如今，环境教育是一群在协会、地方团体、国家教育、农业教育和网络体系中参与和动员的实践者。是一项可以寻求真正职业生涯的工作。这一变化体现了参与社会和政治辩论并且在每一个地区层面实施环境教育政策的意愿。

环境教育领域引起政治关注

2007 年、2008 年和 2009 年，法国经历了一系列民主会议：总统大选、市政选举、立法选举以及欧盟选举。法国可持续性发展环境教育团体（CFEED）决定向选举候选人提问。一个写有 10 个问题的小册子发送给每位参与总统选举的候选人。在每个地区，个体或者协会行动者们轮流向候选人提问，提出要求。也就是说，在每个地区范围，都要将自己定位为环境教育专家，让候选人做出举措，还要让未来当选者有兴趣推动环境教育相关政策。2008 年，法国可持续性发展环境教育团体（CFEEDD）坚持在环境问题协商会议（Grenelle de l'environnement）之后，举行教育问题协商会议，制定环境教育政策。事实上，已经设立了教育问题协商会议，但是非常遗憾的是只在学校范围内审议教育问题，而且只针对青少年进行。

公民教育者在政治中有所作为

2008 年，数位环境教育者被选举为地方官员。他们教育、倾听和参与的文化背景促使他们走上了这条道路。作为市政当选人，并不仅仅是擅长提议，更要切实地参与到地方政策的制定中。因此，他们处于制定环境教育法规的第一线。这些新的当选人上任之后做了什么？在推行一个教育法规之前，他们其实已经致力于建立共同文化和推行集会活动。比如学校自然网络的教员和行政负责人让 - 马塞尔·维拉米尔（Jean-Marcel Vuillamier），就把“以概念为基础的内容不总是会被当地民选代表所领悟（可持续性发展，治理）以及在态度上融合（全球视野，系统性）”。环境教育业系统内的活动辅导员格雷戈尔 · 德尔福格斯（Grégoire Delforges），将自己定位为“集体思考的领导者：向所有人开放的公众议会，分享经验和重新制定规则，求同存异”——《绿墨水》，第 47 期，2008 年 11 月。

他们做到了，是可行的！

阿尔萨斯，环境教育地区性政策

“[……]一个重大结构性规划，无论是在大区、省还是地方层面，都需要和教学范畴的概念整合起来。如果对一个遗址进行修复却不解释为什么和如何保存，这将会产生怎样的影响？[……]我们是否只能通过增加垃圾处理中心来应对垃圾产出的增加？为了回答所有这些问题，甚至更多的问题，该地区 2003 年通过了一项与下莱茵省和上莱茵省共同商定起草的环境教育政策。这一项政策围绕着阿尔萨斯的环境优先问题，即水资源的保护、空气质量的提高以及生物多样性和环境的保护来制定。”

通过与各个省的合作，该环境教育政策的目标是加强公民对可持续性发展的责任意识和能动性。

可操作性强的目标被用来提高该政策的可行性，并方便对其评估。这些目标如下：

——给每个阿尔萨斯的儿童每一学年提供在大自然接受自然环境教育的活动机会；

——鼓励所有隶属于国家教育的教学机构重视并发起和自然环境教育机构的合作。

丹妮尔·迈耶（Danièle Meyer），阿尔萨斯大区议会副主席，

阿尔萨斯大区自然与环境启蒙教育协会（ARIENA）副会长
凯尔纳尔（S'Kernala）(阿尔萨斯大区自然与环境启蒙教育协会日报，阿尔萨斯大区环境教育网络）
第30期，31页，2008年6月19日

为世界着想

为了不绕弯路，我们需要一个政策，我把它叫作“人类政策”。

埃德加·莫林（Edgar Morin），哲学杂志，第6期，2007年2月

进行中！

2007年，法国可持续性发展环境教育团体（CFEEDD）给总统候选人的10项提案。

1. 在实地具体落实可持续性发展环境教育项目
2. 给可持续性发展环境教育的行动者创造相互联系的条件
3. 建立可以和公共政策相匹配的教育措施
4. 提升合作关系
5. 落实培训实习
6. 在教学环境中扩大环境教育
7. 增强公众对环境问题的意识

8. 支持专业化
9. 发展在可持续性发展环境教育方面的研究
10. 在可持续性发展环境教育领域投入资金

培养全球意识

居住在地球上

居住在地球上！人类进行的个人和集体活动已经有了数千年历史。我们这一代人发现这样的活动方式让后代无法在地球居住。残酷的发现亟须新颖的、至关重要的、负责任的知识。[……]在生态教育者对土地的不同用途的探索中，学习如何居住成为陆地生态培训的基本目标。拥有生存空间（由拉丁词源 habere 而来）的这一基本且至关重要的需求已经变得非常广泛且复杂，以至许多古老的生活习惯不仅已经过时，还会损害地球未来的可居住性。居住不再只是一种习惯，或多或少成为一种适应反应。居住需要新的学习。居住成为需要构建和学习的个人与集体技能。

加斯顿·皮诺（Gaston Pineau），多米尼克·巴切拉特（Dominique Bachelart），多米尼克·科特

罗（Dominique Cottereau），安妮·莫伦（Anne Moneyron）

（合作）《居住在地球上》序章节选

以全球意识为目标的地球主义者生态培训

哈马坦（Harmattan）出版社，2007

教授地球身份

被教学忽视的另一关键事实是今后全球人类的命运。在全球化时代，发展的知识和地球身份的认知需要成为教学的主要目标。[……] 需要指出标志着 20 世纪的全球危机复杂性，显示出全人类从今往后要面对相同的生与死的问题，都生活在同样的命运共同体中。

埃德加·莫林（Edgar Morin），《未来教育七项必知》

瑟尔（Seuil）出版社，2000

全球道德伦理

它关乎这个由人类建立起来的人类社会。这个社会可以让其中的每个人脱颖而出，实现令人难以置信的表现：了解未来的存在并且实施项目，想象可能的自由并且约束自身的某些行为，与其他人相识并作为自我构建的源泉。所有这些，人类，显然只有他们自己知道如何去做。这些表现让所有人充满希望，并且迫使我们做到所有，以便在面对如今的岔路口时，最终选择正确的道路。

阿尔伯特·雅卡尔（Albert Jacquard），《清醒的意图》，

口袋书（Le livre de poche）出版社，2005

人类的青春

如今，谈论到在自然中的人类就好像在说反自然的人类一样。并非总是如此，而且人类诞生于自然界，并至少在身体上仍旧是自然的一部分。当然首先从地质学的观点来看，需要强调的是，人类仍然处于极度年轻的状态。通常我们很难呈现时间的厚度与持续性。但是，在地球的历史长河中，在生命和人类物种的进化中，持续时间是一个重要的因素。无以计数的事物已经非常古老，因为生命的起源大概要追溯到三十亿年前。但是人类，他，还年轻。

西奥多·莫诺（Théodore Monod）谈话，

伊莎贝拉·佳瑞（Isabelle Jarry）编纂

伊莎贝拉·佳瑞（Isabelle Jarry）

西奥多·莫诺（Théodore Monod）

帕耀特（Payot）出版社，1994

学习人类根源

从我们最初的集体行动以来，一群来自学校自然网络的行动者看向了南部……实际上，他们并不满足于看，而是行动。特蕾丝·日耳尼根（Thérèse Gernigon）在阿尔及利亚执教，并管理着俱乐部。2005年第三届全球环境教育（Planet'ERE III）论坛之后，菲利普·拉巴特（Philippe Rabatel）和布基纳法索的老师阿勒方斯（Alphonese）取得了联系。塞巴斯蒂安·卡里尔（Sébastien Carlier）几乎每年都参与加斯科涅旷野全国活动计划（PNR），加深与来自摩洛哥的一个省的艺术家们之间的联系。从第三届全球环境教育之后，“羽毛笔（Plume）”已不再在布基纳法索逗留。杰拉尔尼·库特（Géraldine Couteau）从上杜省的环境长期启蒙教育中心（CPIE）到海地，为的就是继续她的教育实践。是朱丽叶特·切里奇－诺尔（Juliette Chériki-Nort）从摩洛哥带回图片资料和大家分享……

我问过他们“为什么和‘南部’一同工作？”回答是简单且明显的。“是为了更丰富的见面和交流。”“文化差异增强了会面的乐趣，并不是说那里更好，而是因为与众不同。”“是差异创造了美丽的相遇。”“为了让我的学生能够建立与世界的关系，打开一扇通向其他文化的窗口。为了让他们感知另一种非常不同的生活方式，不同的专注点，不同的现实。为了让他们可以写出文章（这是我的工作），但是这些文章要在一个长期项目里同样有意义。”“探索在这个世界上存在的其他方式，思考与他人的关系，思考教育的方式。”

或许原因非常简单，我们喜爱南部，因为我们喜欢丰富的事物！［……］（不同于历史上的某个时期）吸引殖民者的是丰富的物质财富：黄金、用来做奴隶的人、木材、象牙和原材料……如今我们关注的是丰富的文化。［……］（除此之外）环境教育者还有其他原因，就是对人道主义的追求，是将团结和博爱的愿望具体化的意愿。

罗兰德·杰拉尔（Roland Gérard），学校自然网络合伙人

内部参加者通报，第 30 期，2009 年 2 月

重要性[1]

意识到环境教育的关键

根据露西·索维（Lucie Sauvé）在《旨在与环境相关的教育》（1994）文中的观点，环境教育的关键与三个要点相辅相成：

第一点涉及生物物理环境的退化，这与资源的枯竭与恶化息息相关。这种情况威胁到生活质量，甚至会威胁到人类生存空间。

第二点是人与社会在生活环境方面的异化，这进一步加剧了这个星球上人与其他生物的相互关联。人类变得对原始的自然环境陌生了，这个自然环境原本会把生物圈的其他元素结合到一起。另一方面，人类又太经常被他们不懂却又使用不当的技术所统治。因此在对集体资源的合理使用和可持

① 参与即感到有关系，感觉自己是在团体中的一员；是和他人一起成为、去做、去思考并进行项目。

续性发展方面，需要培养公平分享的意识和责任。

最后，环境教育对教学问题做了回应：传统教学和培训特点很明显，都是根据学科的划分，学习者缺乏自主权以及学校与现实环境的隔离。这些因素不利于培养能够适应当今世界挑战的人们。变化的速度与规模，环境问题的多样性和多维度是当今世界的特点。

人类的进步

促进机会平等并获得优质环境

将人类和人类的进步放置在环境教育问题的核心，并不是要表现一种人类中心论的行为准则，即一种伦理只以人为标准的道德考量，实际上这种伦理所带来的只是为了人类的使用而保护自然。相反，我们需要更多地表现人道主义，考虑到为保证人类的基本权利和生存需求。

长久的不平等

最不发达国家 40% 以上的人口无法方便获得饮用水（联合国环境署，2004）。贫穷国家三分之一的人口生活在贫民窟或者在条件很差的棚屋里和不卫生的木板屋里（联合国人居署，2008）。全世界有 10.2 亿人口忍受着饥饿（联合国粮食及农业组织，2009）。在法国，收入最少的家庭将差不多 15%

的预算花费在能源使用上，而富裕家庭的能源支出仅占预算的 6%（环境与能源管理所和国家统计与经济研究所，2006）。由不平等检测中心提及的这些数据，绝非为了使人感到挫败和沮丧，而应被视为需要改变的指标。教育，旨在一个无偏见的社会环境中培养个体，教育因地方和国际的经济政策一起做出贡献。

为了个人的发展

宁静、舒适，与其他人一起生活的幸福、健康……所有这些组成了人类为了能够自我发展的基本需求。它们代表了环境教育主要的目标，而这也需要具有智慧的培训工作者：激发、批判性、自主性、文化包容、方法、摆脱束缚……

为建立互动与相互尊重的社会

除了个人层面，环境教育还帮助每一个人参与到社会职责中去：

——了解当今和未来、本地和外地的社会问题；

——在面对集体解决方法出现问题时发挥作用，始终留给他人参与的自由选择权；

——负责并真诚地与其他人一同管理空间、社会和资源问题。

他们做到了，是可行的！

通过园艺与 DIY 社交

阿登省生态地区协会与一所社会医学中心合作，针对那些遇到人际交往与职业困难的人组织了一系列探索、提升、表达自我的工作坊。

在例行课程期间，这些通常“被自己的生活经历所挫败”的人，面对这些事物（雨、土地、铁锈、风……），试一试这些技巧和工具（砖块的制造、填土、翻土……），并面对各种观点。R 先生扶着铁锹，终于开始说话并且讲述自己的故事。在谷仓里，F 太太和 A 太太的手上都裹着泥，像裹着白色宇航服的航天员一样，爆发出穿透花园的笑声。是的，这些传统木制谷仓的生态园艺活动和生态维护只是解开语言的序章，让参与者相互会面，重新给他们对事物的鉴赏力，让他们打破孤立，在人与人中间找回自己。

朱丽叶·切里奇－诺尔（Juliette Chériki-Nort），

生态领土“花园”工坊辅导员

关键词

通向，执行，注意，基本需求，生活方式，仁慈，共同生活，幸福，团结，合作，文化，尊严，多样性，人权，交换，机会平等，绽放，公正，共同工作，跨年代，社会公平，社会联系，和社会排斥做斗争，开放，分享，参与，尊重，健康，客观，团结一致……

为世界着想

如果一个社会的运作都依赖银行家的话，那么在社会中就会存在资本风险，以及产生不稳定的氛围。这种金融模式分分钟就会有投机倒把的现象出现，在正常运作中钻空子，扰乱人类正常的可以保证收支平衡的链环，通过虚拟的方式来操控如今的现实世界。而园艺则恰巧提供的是完全相反的内容。实实在在的土地，可探索且神秘，它邀请园丁——人类，来完成它的样式塑造、它的丰富性以及它的居住性。它在时间历程中维护了人性。每一颗种子都能在明天发芽。它始终可以被当作一个项目。

吉尔·克莱蒙（Gilles Clément），

路易莎·琼斯（Louisa Jones）

吉尔·克莱蒙（Gilles Clément）：人文生态

奥巴奈勒（Aubanel）出版社，2006

官方文献

“人类处在可持续性发展的中心。他们有权享受与自然和谐相处的健康和富有成效的生活。”

里约声明第一条。1992

“每个人都有权利生活在一个尊重健康的平衡环境中。”

条约1。法国建设环境基本法，2005年3月1日

自然与生物多样性

——与自然和生物多样性共同生活

定义生物多样性

生物多样性（biodiversité）是20世纪80年代末产生的新词汇。在词源上，“bio”来自古希腊语bios，意思为“自己的生命，存在”。从字面上讲，生物多样性对应于生命的多样性、生物世界的多样性以及所有的互动性和复杂性。因此，它是有机组织的生物丰富性，同时也是它们在自身与环境之间保持关系的多样性，无论是普通的还是独特的，野生的还是圈养的。

人类与生物多样性

人类也是生物多样性的组成部分：我们周围大部分的环境都有人类贡献的历史——要么促进生物多样性，要么加剧生物多样性的退化。如今，特别在很多科学家发出生物多样性受损害的警报后，生物多样性已成为全球话题。它最初是一个科学概念，现今步入了公共领域——媒体、政治，同时也进入了经济和立法领域中。它成为社会辩论的对象，其中每个人都提出与自己相关的观点。因此，这是一个人类在生物多样性中的地位和作用的问题。

生物多样性是人类的遗产

不管是平凡还是卓越，遥远还是相近，生物多样性是知识、奇迹、文化的源头。遗产既是科学的也是文化的，有用的并且敏感的，对人类的福祉做出了重大贡献。生物多样性作为物种进化的源泉和动力，它通过确保自然平衡和环境恢复力使生命永久地延续下去。它在人类活动中起着至关重要的作用：提供多样食物以对抗食物短缺；医疗保护；空气与水的净化；通过它所提供的原材料来构建舒适的环境。最后，自然是一个生活和休闲的空间。并且，它必不可少，每个人，不管年龄大小，都可以在日常生活中获得自由、灵感和奇妙的空间。

进行中！

教育生物多样性

它既可以学习将昆虫与蜘蛛区分开来，也可以了解花岗岩对地球上生命的多种相互作用，使自己沉浸在环境中，并体验与生物的接触。

激发好奇心，召集个体，向其提问。

在所有生物之间、地区之间、学科之间建立起联系。

学习讨论并且自我定位。

是交替的：在生态培训教学中（与环境接触的培训）和生动的社会问题教学中，在科学和意识的研究方法之间，在团体和个人之间，这里和那里，今天和明天，长期和短期，不同的观点之中交替。

走出去。

关键词

幸福，生态走廊，外面，生态多样性，遗传多样性，专业多样性，存在权利，互动的动力，生态印记，空间，种类，灭绝，动物群，植物群，栖所，相互依存，红名单，阶层，常态自然，生物体，生物体私有化，丰富，离开，共生，生命……

为世界着想

“基本上是人与自然的和解。说服人类和自然签订一个新的协定，因为人类是第一受益者。”

让·多尔斯特（Jean Dorst），《在自然死之前》

德拉乔（Delachaux）和涅斯特雷（Niestlé），1964

“生物多样性正在下降［……］。想象一下，如果我们没有停止这一可怕的进程，我们就会被威胁，我们，指的是人类。”

于佩尔·里夫斯（Hubert Reeves），

《人类，被威胁的物种》，前言

未来出版社，2005

他们做到了，是可行的！

比利牛斯山脉教育圈正在发起一项关于生物多样性的跨国界教育计划。在由圈内成员发起的提高认识活动中，比利牛斯山脉教育圈举办了友好的晚会，聚集了本地产品和文化活动，让人们讨论当地的生物多样性，并提高人们对大型猛禽的认识。从 2008 年 11 月 21 日到 12 月 21 日，巴斯克地区的环境长期启蒙教育中心（CPIE），环境长期启蒙教育中心 64（CPIE 64），环境教育组织 64，南部比利牛斯熊与自然保护协会（ADET），山脉观测站甚至是普拉特、埃安、皮贝斯特（Pibeste）高地的自然保护区都提出，用 9 个夜晚向 750 个参与者提供了讲故事晚会，电影和幻灯片放映，奥克语歌曲的民间舞会，甚至是鸟类乐透。

自然资源和能源

——保存自然资源和能源并使其可再生

资源是对生命需求的回应

第一批人类通过采摘水果、根茎和树叶从植物中得到生存所需。他们打猎、捕鱼、收获野生蜜蜂的蜂蜜，以此来保证他们的基本需求（果腹、饮水、蔽体、庇护）。这是自然生存的结构。之后就是游牧民族定居和动植物驯化的年代。在新石器时代的农业和畜牧业中，人们创造了越来越多的为开展新的活动的工具，从而可以从地下获取矿物资源。在数千年中，这种农业文明在平静中发展。

资源是对消费欲望的回应

19 世纪欧洲发生了颠覆性的变化，并进入了工业文明时代。蒸汽机进驻工厂、农业、交通领域，所有都是机动化和机械化的。这是钢铁冶金和冶金业的时代，在之后的两次世界大战中受到危害。1960 年左右，是“消费社会”的时代：家用电器、汽车、进入了西方大部分的家庭。这种大众消费继续进行并加速发展：电脑、手机、网络游戏、快餐、农产品加工、服饰潮流、旅行……消费加剧了对自然资源需求的压力：木材、棉花、小麦、玉米、鱼类、化石能源、矿石……这些也增加了对环境的危害：水污染、空气污染、土地污染、物种的消失、人类健康受到影响、生态系统的变坏……

资源保护

1972 年，在召开旨在保护环境和人类的斯德哥尔摩大会之后，联合国环境署（PNUE）成立。20 年后的 1992 年，里约大会上，第一届地球峰会起草了地球法案，签署了生物多样性协议，提出了 21 世纪议程。2002 年，新一届地球大会在约翰内斯堡举行，与会的非政府组织对峰会提出的各项措施并不完全满意。人类如今越来越多地意识到自己对环境的影响和保护自然资源与能源的重要性。

他们做到了，是可行的！

在维尔奥东（Viel Audon）没有水的一天

维尔奥东是一个环境教育的场所，位于阿尔代什省一个汽车都很难进入的小村庄里。1972 年青年营地对其进行了重建。它承办农业活动，同时还是一个居住中心。水的问题在日常生活中随处可见。围绕环境中水的主题和小村庄的活动以及居民的日常生活，他们针对学生（小学或者中学）发起了无水日活动（在至少五天的长驻活动中安排一天没有水）。这一天通常安排在整个逗留期间的倒数第二天。这一天中，水不再通过“现代”的方式传送过来。水的运送被停止，所有排污（水池排水，马桶冲水）都不能使用。使用饮用水的途径只有从村子外仅有的一个取水点获得。这一天之前，孩子们要研究24小时需要使用的水量。为了可以照常生活，他们进行试验并且提出各种假设，以在不同的地方节约水（做饭、洗碗、冲厕所……），还要计划和组织维持日常舒适、卫生、安全生活的一切。这是一次非常重要的自然体验，一个研究活动的过程，孩子们是行动者。当这一天结束，成年人都“被净化”，孩子们“从他们运送的水中了解了它的珍贵”。

在无水日，他们所消耗的水量只有平时的十分之一。这对孩子们非常有吸引力，因为他们仍然像往常一样生活。只是水使用方式不同了。

玛丽·西蒙（Marie Simon）在维尔奥东的所见所闻
《绿墨水》，第47期，2008年11月

为后代保护地球

“在一些学校里，我们对水的使用上进行了统计。我们发现存在非常多的浪费。为了解决这个问题，必须大规模地开发一些项目。比如说研究员们可以设计出安装在所有水龙头下的检测器，与此同时帮助我们寻找使河流保持干净的方法。其他的解决方式比如有收集雨水的优化系统，继续在尊重自然的前提下开发海水淡化技术。同样对能源也是。我们使用了大量污染能源。为什么不多进行一些研究来获得清洁能源呢？”

致研究员的一封公开信节选。青少年生态议会。2006

关键词

购买，空气，农业，食品，取舍，木材，采石场，煤，选择，砍伐森林，诊断，水，畜养，可更新能源，化石能源，火，天然气，矿层，居住条件，水力学，工业，原材料，石油，再生，循环利用，节制，阳光，土壤，土地，交通，用途，增值，风……

气候

——对抗气候变化

人类对气候有负面影响

人类活动排放出大量气体，这些气体大大加剧了自然温室效应，导致全球气候的紊乱。除了气象现象以外，气候的变化也会更广泛地作用于生态系统和人类活动，甚至出现了气候难民的概念。据联合国组织估计，在2010年的时候，由于气候的变化而带来的灾难，可能会有5000万人被迫离开他们的家园。

做什么？

为了避免最坏的情况，主要目标是从现在起一直到21世纪末，将升温界限在2摄氏度，从而限制温室气体（GES：温室气体）的排放。为此，有必要改善集体和个人的日常习惯，重新审视生产的方式……并且要迅速与科学家们达成一致。国际层面，已通过两项协定：1992年在里约签署的《联合国气候变化框架公约》和之后1997年的《京都协定书》。2005年，在以能源政策为方向的项目方案中，法国按其温室气体排放量列出四个划分。2008年12月，欧盟的“能量气候总览”通过了一项旨在实现20%的能源节约，提高20%再生能源的使用率，并且降低20%温室气体排放的协议。2009年12月，一项新的国际谈判在哥本哈根举行，确定新的目标来减少2013—2020年的排放。但这次大会被认为是失败的。

个人与集体行动起来

2004年，法国实施一项气候计划，该行动计划目的是减少温室气体的排放。一些地方组织被鼓励执行他们自己的气候计划。2007 年，21 个地区气候计划被确立：巴黎、雷恩、南泰尔、里昂大区、阿基坦、布列塔尼、留尼汪……还有佩尔什大区自然公园或是冒热地区混合工会[①]。国家的机构比如环境与能源管理所（ADEME）的创立或是支持提高认识的展览。就像美国前副总统阿尔 · 戈尔一样，协会和科学家增加了讲座的巡讲次数以向公民讲解气候变化。环境教育组织也不例外，他们帮助学校或是市民更多地接受少排放温室气体的生活方式。

他们做到了，是可行的！

步行大巴

也有把它叫作“徒步车”（pédibus）的，这里叫作步行大巴（carapattes）。由成年志愿者，通常是由家长组成，带领着学童按照特定路线安全走到学校的。目的是减少学校周围的汽车数量，促进不释放温室气体的出行方式，也加强孩子们的锻炼，提高对交通安全的意识，同时给了不同年级的孩子和家长相互交流，改善心情的机会。

---

① 冒热地区混合工会（le syndicat mixte du Pays des Mauges）：法国旧时行政区域规划机构，位于曼恩—卢瓦尔省和卢瓦尔河地区，成立于 1978 年 6 月 27 日，于 2016 年 1 月 1 日解散，并创建冒热城乡社区。

步行大巴是由蒙彼利埃城市环境倡议工作坊（APIEU）组织，环境与能源管理所（ADEME）和朗格多克－鲁西永大区议会支持的项目，目的是帮助那些愿意将步行公共汽车运用到朗格多克－鲁西永地区的家长、团体或是学校机构。步行大巴的独特之处在于这个项目是由家长发起，并且路程动线是规律的（至少一周一次），并不是偶发行为。

关键词

大气，上升，碳检测，自然灾害，变化，暖气，行为，消费，交通，温室效应气体，全球化，居住，影响，指南，工业，生活方式，修改，星球，气候计划，极地，意识到，责任，气温，交通……

行动者

政府间气候变化专门委员会（GIEC）

1988 年，世界气象组织（OMM）和联合国环境署（PNUE），意识到气候变化可能会上升到全球层面，创立了政府间气候变化专门委员会（GIEC）。团队的任务是客观地评估科学范畴的信息、科技和社会经济，以便更好地了解科学的基础以及人类引起的气候变化所带来的风险，并为了更仔细地描绘出变化的可能结果以及面对风险的战略。政府间气候变化专门委员会在1990年、1995年、2001年和2007年发表了报告。在最新一份报告中，它总结："气候系统的变暖是毫无疑问的。[……]近50年来观察整体气候变暖的本质可以归结于人类活动导致温室气体排放的浓度飙升。"政府间气候变化专门委员会和阿尔·戈尔2007年获得了诺贝尔和平奖。

政府间气候变化专门委员会，阿尔·戈尔（Al Gore），获得2007年诺贝尔和平奖

遗产

——建立明天的遗产

我们所说的是哪种遗产？

遗产，从文化意义上来说，包括多个门类。

——可动文化遗产：绘画、雕塑、乐器、传统物品、工具、机器……

——不动文化遗产：古迹、建筑、建筑群、考古遗迹、地区遗产（浴室、耶稣受难像、烤面包炉、喷泉，养路工人的小屋、界石、沟渠、磨坊……）

——水下文化遗产：所有在海里的沉船和埋葬的废墟

——非物质遗产：传说、神话、传奇、歌曲、科技和技能……

——由人类或非人类加工而成的遗产：公园、花园、散步场所、自然空间、动物物种和植物物种、地理培训、农田风景……

自然遗产最终涵盖了人类与自然的关系。

保护遗产和遗产增值

在法国，有若干法律旨在保护遗产。鸟类指令（1979）、山脉法规（1985）、沿海法规（1986）、动植物栖息地指令（1992）、团结和城市更新法规（SRU，2000）、城市规划和居住法规（2003）。除此以外，其目标是通过考虑与遗产相关的经济、社会和环境问题的演变来管理遗产。从1984年以来，每年9月，会举办欧洲遗产日。这是一个促进政府机构、私人和民间协会的行动与倡议，以加强对遗产的了解，保护与增值的行动。10年来，遗产日使那些没有被定义为历史建筑的遗迹得到保护并增值。

待构建的遗产

遗产，在词源上来说（来自 patrimonium, 家族财产，这个词本身也是从父亲 pater,père 派生而来）有继承的含义，是将财产从上一代传到下一代。遗产的概念是何时产生的？是在传承这个行为产生的时候还是之前？必须是传承没有受损的物质财富吗？毫无疑问，至少对部分的遗产（比如古迹和风景）来说是这样，但是不要忘记遗产仍在被创造。除了要保护遗产之外，我们一定要从当前现实出发，并与过去的情况相结合，来建立未来的遗产。

关键词

考古学，手工业，有建筑物的，道路，故事，文化，一代人，物质／非物质，自然的技能，物品，口头／书写，分享，明天的遗产，地区／农民／景色，公共技能，传统，传承，工作，古老的石头……

他们做到了，是可行的！

重新创造遗产的小屋

由上马恩省教育联盟环境发展公民服务处管理的奥伯里夫自然启蒙中心，开发了独特的小屋群体圈，使人们能够体验与自然联系的感情。小屋的灵感来自上马恩省森林里的旧木屋。我们可以自由地去那里用餐或者住宿。此处是牧羊人的歇脚处，由干燥的石头搭建，会让人想起之前通向钙质草原的放羊之路。小屋的灵感来源于一位当地作家的小说。奥伯里夫的简易住所就坐落在边界，邀请你来到这里隐蔽起来观察夜行动物。这些过去和现今的小屋是用来呈现遗产的工具，通常是青少年活动地，连接着奥伯里夫地区的土地，并且成为人类和自然之间的重要纽带。

明日村庄

有些人说："在塞文山脉的村庄都是可持续性的，它们已经在那里很久了！"但是，当代的生活方式是否会抹杀这个由我们的先人长久以来的劳动成果？"村庄（hameau）"这个词是指塞文山脉栖息地的传统建筑形式，也指更为现代的团体居住方式。如今，建立既尊重传统形式，又可以应对当前环境问题（环保材料、隔音、能源可更新、水的管理）的村庄是有可能的。这个想法是由塞文可持续性村庄协会捍卫的，他们同时也认为这些村庄是住宅区和独立房屋的替代方法。为了发展这一概念，该协会创立了生态居住和生态建设的问询中心。它培养居民的意识，并试图动员必要的合作伙伴（民选官员、工匠、机构）来建立这些可持续性村庄。

消费

——健康且理性的生产与消费

从追求购买力……

在以前，人们工作只是为了生活或者生存，但如今越来越证明似乎人们工作就是为了有能力买买买。一份已经挣到的薪水立刻被一个购买行为花掉似乎是当前经济的成功配方，一切都用来促进经济增长。而且，必须要指出，大型超市致力于渗透员工工会口号变更为：“更多的购买力！”购买力已经正式地成为单位工资可以购买的物品与服务的数量。其实人类的大部分基本需求可以通过与自然的直接接触满足。但是这个消费社会加入了一系列的中间商（生产商、加工商、经销商和其他的再经销者），这些中间环节加大了人类与自然之间的鸿沟。这种和自然渐行渐远，但是又有新的需求的产生甚至是全球化，都是大众消费的原动力。1137 小时的电视播放，833 小时的上网，50 千克的食品罐头，50 罐苏打水，30 升啤酒，包括了并不仅限于一个法国人一整年的购物车，在同样的时间里他会产生 350 千克的垃圾。[来源：国际自然基金会，《大胆预测》(Francoscopie) 2007，全球消费，《经济土壤》(Terra economica)]

……到理性消费

越来越多的公民，无论是生产者还是消费者，都不再会陷入这种非个人化和扭曲的消费中。那么，他们会建立更加健康、更加理性的消费模式。从家庭园艺到乡村农业维护协会，从连带储蓄到知识互惠交流网络，从农贸市场到公平贸易，从建造自动化房屋到购买清洁能源，利益相关者之间建立新的关系。这种理性的消费跨越了个人或是家庭活动的范围。学校机构、企业、当地团体、医疗中心也需要通过购买当地或有生态标志的产品来理性消费，通过最佳的方法管理他们的流通和排放。可持续发展环境教育的行动者通过他们自己的活动，以及他们如何管理自己和来访者的住宿树立了榜样。他们提高了项目承办者的意识，并在其改革进程中给予支持。

为谈论消费

学校自然网络，“滚球”（Rouletaboule）项目的技术信息手册（2003）

经济飞速发展的结果	生活方式	消费方式	对环境的损害
– 人口的增长 – 能源消耗的增长 – 消费的增长 – 贮藏技术的发展 – 交通的发展 – 大型超市的发展	– 对舒适的追求 – 新的生活节奏 – 生活水平和消费能力的提高 – 广告提供和时尚现象越来越多 – 家庭单位的分裂 – 共同饮食数量的缩减 – 准备饮食时间的减少	– 新的设备的购买（电子家用设备、汽车） – 半成品、速冻食品、一次性产品的购买 – 在大型综合超市购买 – 网购 – 捆绑购买 – 购买直接就可以使用的产品并且是单人使用量	– 对自然资源透支的增长 – 能源使用的增长 – 更多空间的使用 – 有害物质在空气、土壤、水中的排放 – 垃圾产生的增长

关键词

食物，需求，绿色，选择，短程循环路线，公平交易，生态概念，节约，设备，石油，浪费，花园，时尚，生活方式，必须，卫生准则，农业政策，科技进步，广告，再定位，社会／环境责任，能源再生，季节，表面的，公平旅游，服装……

他们做到了，是可行的！

企业内的采购组

在普罗旺斯－阿尔卑斯－蔚蓝海岸地区关于可持续性消费项目呼吁之际，蔚蓝海岸地区环境长期启蒙教育中心在2006年春天，为戛纳阿尔卡特阿莱尼亚航天公司员工创立乡村农业维护协会（AMAP）形式的采买团队。

环境长期启蒙教育中心行动的目的是培训。这一项目包括在第一次行动（加入乡村农业维护协会之后）提出想法或是项目（比如消费绿色产品），然后将它们实现，从而获得新的知识与能力，以更全面地改善行为（比如购买贴有生态标签的产品）。

在这个项目中，环境教育者与他在之前和儿童或者实习生项目教学中扮演着同样的角色：让每个人都表现并且表达自己，沉浸在问题中，定义并且参与项目，进行评估。

杰罗姆·罗德里格斯（Jérôme Rodriguez），

蔚蓝海岸环境长期启蒙教育中心环境教育者（06）

《绿墨水》，第 47 期，2008 年 11 月

参与与地区

——促进地方所有阶层所有人的参与

参与社区的管理

参与，是将个人与他们所属的公民社区的决策和他们的城邦管理结合起来的举动。参与，不仅仅是被询问：我不满足于表达我的想法。参与，与参加讨论是不同的，更多的是对一个项目的沟通达成一致。参与，并不仅仅是投票。在代议制的民主中，通过投票来行使个人权利。在参与式民主下，通过参与社区管理来获得一些权力。

参与管理，不同寻常的邀请

公众的集会，讨论论坛和其他的动员大会，主要吸引那些有重要的问题要捍卫、有意见要表达、有习惯来参与的人，吸引他们来落实参与的进程。那些没有来参与的人没有感觉到跟这个主题有关系，或是对政策不满意，或是没有时间或没有信心……参与管理并不是一个新的概念，但是，它还没有成为一种习惯。在学校里、工作中、居住区、公社，人们只有很少机会被邀请来参与管理。对于这种参与管理的文化

缺失，或许需要通过一个参与管理的教育来回应。

所有人都可以的

参与，是感到有关系，感到自己是社区的一员；是成为、行动、思考，和其他人一同沉浸到项目中；是成为社区活动（庆典、论坛、大会）中的一部分；是成为首创或者和其他人一起……当“学校自然网络”1998 年在其基本章程中发表了“没有受众，只有参与者”，这正是其设想的参与的形式。邀请参与管理的例子举不胜举。在社会凝聚力城市契约（CUCS）中，儿童被邀请到参与他们城市的娱乐与自然设施的计划中。在一个国家的契约中，居民被邀请来畅想他们当地村落 5 到 10 年的样子。在一个实施可持续性发展进程的初中学校中，学生、家长、教师、领导团队、维护人员、厨师、园丁、总理事会代表……都共同团结起来参与到学校的管理工作。

关键词

团体行动，公众职权，市民参与者，公民身份，共同商定，社区议会，发展建议，咨询，合作，辩论，决策，民主，当地发展，责任，权利，大众普及教育，承诺，道德的，提议的力量，全球的，当地的，媒介，媒介化，发言，合作，参与，法规，改革，反抗，地区……

官方文献

“对待环境问题最好的方式是保证所有相关民众，在他们所能接触到的范围中都能参与管理。全国层面来说，每个人都应该有获得公众权威持有的环境相关信息［……］并且有参与到决策进程的可能。”

里约声明方针第 10 条，1992 年

“所有人有参与保护和改善环境的责任。”

条款 2。基于法国组织 2005 年 3 月 1 日采纳的环境基本法

他们做到了，是可行的！

全专家项目

“全专家项目”是在“旨在研究与创新的公民机构合作”框架下（PICRI），由法兰西岛大区提出并出资，93 基金会和国家自然历史博物馆同塞纳－圣德尼省的初高中的班级共同制定一个关于移动性的思考计划。这个改革带来的是一个集体建设程序的实施，集结了公民的专业性。各种工具都有被实验：博客被作为共同合作工作的工具，展览作为反映当地人口的一个工具，等等。一个教学方法同样也被测试，在这个方法中学生们以一种合作的方式参与：他们共同选择调查研究的主

题，共同建立论点，尤其是建立他们自己的知识体系，以此来和他们的社会实践做对比，积累行动者的经验知识。

在这个项目中，他们进行了访谈之后，菲内隆·德·沃约尔（Fénelon de Vaujours）学校的学生们被邀请来定义他们认为的“属于居民的世界”。以下是一位学生的阐述：“对我来说，属于居民的世界是一个和他们相象的，他们所创造的和他们所想的相一致的地方。我认为是一个他们感觉是在家里的地方。还是一个他们所有人都团结在一起的世界。是个安全，没有暴力和损害的地方。”

从说教到行动

关心其他人

更换白炽灯灯泡或是找到有机食品不是最难的。通过修改基础设施来减少耗能或者增加对环境的尊重是需要很长时间的，但是动员的方法还是有的。尽管有人在变化，但抵御疲惫、紧张、简化或廉价的诱惑仍然是困难的。这解释了在环境问题的意识上和我们周围少有的行动之间的一个难以置信的鸿沟！

最后，关心地球会让我们回归到关心他人，他们的工作条件，他们正在发展的职业现状。严密的研究更有效地给我们带来了更多的合作。

总结以上，严密的研究同时是：

——政策上、公民的、人类的立场，一个平衡和苛刻的研究（道德层面）；

——教育举措（教学层面）；

——团队合作方法，研究——行动方法（合作层面）；

——一个有活力的结构，理解全世界的运动（精力层面）；

——一个复杂和折衷的阅读表格（运用层面）。

扬·瑟比尔（Yann Sourbier），

《绿墨水》，第 47 期，2008 年 11 月

行动者

在环境教育中心以一致性和思考为目的的交流网络（ECORCE）

我们每天都在讨论环境教育，但是在日常生活中，我们要做什么呢？这是环境教育接待中心的专业人员提出的问题。他们在 2001 年创立了环境教育中心一致性与看法交流网络（ECORCE），其目的是使他们的机构和日常生活行为与环境教育价值相一致。从此，环境教育中心一致性与看法交流网络（ECORCE）就此问题在相关人员之间建立了联系。它有时会组织会面与交流以及主题培训。

一致性和接待中心

环境教育中心的一致性，是将内部运作方式和他们捍卫

的教育价值保持一致。拉普萨克（la Pouzaque）接待中心（整体翻新的旧农舍）完全符合这一方法（流水管理、太阳能板、有机食品……）。他们对生活方式的反思很早就开始了，并且在第一时间用于垃圾处理上，甚至在社区实施垃圾分类之前就创建了垃圾自动处理中心。食品的主题在那里发展尤其好。生态花园对教学活动提供了支持，所提供的餐食主要是由新鲜的时令产品和有机产品来制作。

蒂埃里·庞斯（Thierry Pons），拉普萨克（塔恩地区）

鲁巴塔斯环境教育协会（Loubatas）坐落于普罗旺斯森林中，而且远离水电运输系统，它就地使用可用资源（水、阳光、木材）。大部分建筑物，是作为资源项目进行的，长期与环境保持一致。该中心所有设备都配备了太阳能（供暖/供电），而且建筑结构（生态气候类型）能够获取最优的阳光状态，冬暖夏凉（建筑物朝向南或西南，窗户全都安装玻璃，并且安装在高处，绝缘，教学泵"水管"、不用电池的光伏板和一个蓄水池）。接待中心内部的运作，以节约能源和水为基础，是一个面向大众意识服务的工具，目的是让使用者可以意识到可再生资源是所有人都能接触到的，包括独自生活的人。

莫里斯·韦尔霍夫（Maurice Wellhoff），

鲁巴塔斯环境教育协会（罗纳河口）

都隆基地（La Base du Douron）环境教育机构，位于菲尼斯泰尔省，他们主要举办以水和农村环境为主题的环境课程。学校也会在白天就各种主题发表演讲。在教学一致性方面，目前正在展开一个重大的项目：它涉及将在学校范围内实现一致性，并制定一项《21世纪学校议程》。原则是要求学生和老师在全球层面思考，旨在"更好地共同生活"在一起。如同对可持续发展有关的一系列主题一样，食品的问题也自然而然加入这个举措中。

米歇尔·克莱奇（Michel Clech），

都隆基地（菲尼斯泰尔省）。

参与者

发展大众普及教育

2004 年，全国环境教育会议之际，观察到环境教育行动者所要面对的需增强意识的大部分受众仍旧是儿童，尤其是在学校里。在这已经构建好的环境中提出教育行动通常更容易。的确对未来一代的教育比其他任何事情都重要……然而就环境问题而言，需要构建的工程是庞大的，提高广大公众的意识迫在眉睫。有没有什么是必须要让当今一代人、决策者、选民和消费者必须了解的吗？比如，我们希望 2010 年温室效应气体的排放维持在 1990 年的水平，或是从现在到将来仍能找到高质量的水源。除了受众的多样性之外，还要让信息更具普遍性，使其更有影响力。最后考虑贯穿这个人整个一生所有方面：从小学到高中之后，再到工作，消费活动和休闲活动中，他是否残疾，是否贫困，住在城市还是乡村？……

生活环境的改善，当地的发展，个人的发展，调和居民与自然的关系都是要面对的目标。

在校青少年

小学生

在与国家教育有关的计划框架内，在学校组织外出或者住宿期间，这些小学生的老师和与其合作的环境教育机构，甚至当地团体的技术机构，有目的地来培养学生们的环境意识。幼儿园的孩子们越来越多地被要求参加到环境教育项目中，促进感官、游戏、想象和艺术方法的发展。

初中生和高中生

专门针对初高中生的环境教育活动会少一些。导致活动少的原因比如时间上的调整比较麻烦，一个星期中数位老师出面干预，可能是因为要在学年末准备考试。有一些学科（地理历史、生命与土地科学、物理科学、公民教育、法律和社会）适合作为跨学科项目，还有一些学校生活的机构，类似公民健康教育委员会（CESC）或是高中生活委员会（CVL）。在职业高中和在农业高中，环境教育的机会有很多，而且需要提高的专业能力通常和社会环境责任举措相结合。实现一个食堂食物的检测，要和当地的生产者取得联系，和公平贸易的协会见面，通过开拓当今的问题，从而使学生扩展他们的知识。

残障青少年

那些在智力上有残缺，生理上有缺陷，行为障碍的青少年，不管是在上学，还是在特殊机构生活，他们不会被遗忘。突破困难的机会有很多：各种不同方式去大自然郊游和露营，喂养和照顾动物，园艺工坊，给小鸟建造食槽以便观察它们，维护徒步小路，和科学家一起资助动物保护……有时，照看他们的专业教育者有机会在他们初始培训期间，将自然作为教育介质，就如同进入社会、自我提升、提高能力的一个预演。即使和这些青少年出行非常困难，总会有一种解决方案将他们带到大自然！

他们做到了，是可行的！

围绕环境问题将青少年团体组成网络

青少年生态议会（Eco-Parlementdesjeunes®）是由学校自然网络和环保包装（Eco-Emballages）公司共同发起的环境教育机构。这也是参与性民主实践的做法，它通过由教育者运营的网站将大量青少年团体聚集到一起。在对本地环境问题的观察、分析和寻找解决方法的基础上，拓宽思路，学生制定决议或提出增强意识的行动。2004 年，来自欧洲 10 个国家将近 3000 名年轻人一同起草了《欧洲环境白皮书》，并上交给欧盟议会环境委员会主席。2006 年，另一项集体写作成果——由3600名欧洲和加拿大年轻人撰写并成功出版的《7封致环境公开信》，其中涉及7大类别的行动者，他们对社会有着最大的影响（工业者、研究者、教育者、记者、非政府组织的领导者、公众权利的代表和超国家组织）。2008年，起草关于环境的报告《改变我们的日常习惯！》并呈现给教科文组织，作为联合国教育可持续发展十年的一部分。

他们考虑环境教育

旨在发展的环境教育

在我们看来，可以考虑以下进展来制定和环境相一致的教育政策：

——对于年龄小的儿童：我们可以优先进行环境教育或是在环境中的教育，可以建立孩子与自然、他们生活环境的归属感以及对自己生活阶层的情感归属。

——对于年龄稍大的青少年：深入到可持续性发展环境教育，通过加入评论与社会的研究中，避免把重点放在接受行为的实证主义和行为主义教育的陷阱。

——横向地：关于环境主题的教育并不是目的，而是对其他形式环境相关教育的支持。

当然，我们在这里讨论优先和非排他性的研究方法，也就是说如果一个项目对应一种研究方法，那么将其他方法结合起来将是非常有趣的，无论是作为教学情境的触发，还是作为补充，等等。

伊夫·吉罗特（Yves Girault）和
塞西尔·福尔丹-德巴尔（Cécile Fortin-Debart），
初步总结，全国范围环境教育现状与前景，2006

终身教育

活动中的专业人士

公司着手执行环境举措，以测定、修改和优化其对土地和环境的影响。农业者、从业者、个人的服务供应商……都是环境教育者可以帮助增强意识、培训和支持的专业人士。领事馆，专业工会和启蒙/再教育的培训机构是重要的合作伙伴。

有社交困难的人

环境教育是为处于不稳定情况中的失业人群和失学受害者等人群提供融入群体、社会化、提升价值、接受培训的机会，可能性的范围非常广。观察鱼类和鸟类的出行可以帮助一个没有固定居所的人的日常生活，并打开他的眼界。园艺工坊可以在乡村地区以一种独立的生活方式提高无业者的生活。关于水源、暖气、食品管理的交流活动、辩论以及决策活动可以使居住在同一栋楼里的人群创立联系。

消费者

消费对环境和社会有着不可忽视的影响。我消费的东西，要么是本地区农民通过短程线路来销售的产品，要么是大的经销商所销售的来自更远地方的产品；我要么促进了包装的生产，要么限制了它；我支持使用植物保护产品，或者我不赞成。然而通过生态行为的推论是不够的。理性的消费，比简单地遵循一些规则要复杂得多。千里迢迢穿越大西洋运送过来的有机梨和没有标签的本地生产的苹果，如何选择？在集市和公众广场进行的宣传活动；围绕着一顿合理膳食的公开辩论；信息宣传册；由环境组织甄选出的认证产品；在消费者和种植者之前签署的地区条约……很多方法可以让人们思考和负担他们的消费。

他们做到了，是可行的！

培训理发师，为什么不呢？

我们和马恩省的国家手工业、技能和服务联合会的工程师合作，共同为兰斯的造型沙龙的工作人员设计了一个为期3天的意识宣传日，沙龙的负责人希望获得可持续性发展的认证标签。这个想法是让理发师思考具体的行为来使沙龙减少对环境的影响。可持续性发展的初步陈述；参观垃圾分类中心和处理站；观看关于气候变化的电影和日常物品影响的短片；测量专业器械的带电能量；在沙龙里寻找隐形的消费，这些都是项目内容。

朱丽叶·切里奇－诺尔（Juliette Chériki-Nort）。

在监狱里的环境教育

布尔日关押所，监狱和缓刑服务处，索罗涅的自然环境组织、大区自然环境活动和启蒙教育团体中心共同给布尔日的犯人带来了一个提高水资源意识的项目。当我们没有人身自由的时候是非常困难的……照片、其他材料和教学操作能够了解不同形态下的水：自然遗产、动物群、植物群、河流动力学、自然和家庭的循环、资源的使用……一位专业诉讼人和这些犯人们共同进行了一本关于环境的漫画创作，使该项目变得更具艺术性。

生物多样性进入工作空间

阿尔萨斯大区自然与环境启蒙教育协会网络和法国理光工业公司已经将促进生物多样性的活动带到了他们在科尔马南部的工作场所。以员工参与为基础，这个活动让每一位员工都意识到他们在保护生物多样性中可以扮演一个什么样的角色。公司占地的三分之一通常是没有种植物的，现在让一位生态农业家种植了大片的草地。此外，1400 平方米的草坪上盛开了花，分布在公司各处，景色赏心悦目。这一举措被很多感兴趣的员工效仿，他们把野生的种子收集成袋带回家种植。这些员工还在公司的空地上搭建了孵笼，交流和培训的欢乐时间再次将他们聚集在一起。

居民

社区的居民

就如其他区域的居民一样，他们可以被分成两组。其中的大部分，很少或是不参加社区生活，因为他们只是把居住的地方当作“宿舍”，因为这个辖区没有凝聚力，因为他们不会说法语等各种原因。通常这些人是很难（但也不是不可能）被动员。那些已经参加过社区很多活动的人，他们要么是协会成员要么是社区委员会的，他们自愿参加组织节日活动、帮助义工、做好预防工作、组织园艺活动。他们将是动员其他居民的主力军。还有其他可能参与进来的人是活动组织者和区政府的负责人。根据不同的方法或是措施，可以组织非常多的活动：主题聚餐、辩论晚会、生活环境调查、说唱、涂鸦、视频、互助营地、共享花园、街头戏剧、戏剧论坛……改善生活环境，促进社区和个人的发展，调解居民和自然的关系都是其中的目标。

国家、城市及郊区群体的居民

这些地区通常都设有发展委员会，其中的行动者已经发起了一个参与性的措施，并且可以帮助居民来建立联系。这些有时已经应用到一些委员会中（环境、遗产、青年、文化）或者咨询委员会中。那些已经实施的教育行动可以支持地区项目，如遗址的修护、清点入侵的植物、规划出行计划、维护娱乐设施、协助房屋翻新……

大区自然公园的居民

2007 年，仅在法国境内，超过 300 万的居民生活在 3706 个乡村城镇里，其中包括 45 个法国大区自然公园（PNR）。大区自然公园依靠当地优势对开展活动充满兴趣。当地居民实际上是保护和管理自然与景观资源的主要推动力，旨在提高并且推动文化遗产，支持经济和社会活动，成为接待活动、宣传活动的一部分。

他们做到了，是可行的！

雷恩莫尔帕地区儿童环境体验

在雷恩，来自雷恩教学和社会活动组织（GRPAS）的街头教师提出给社区的孩子举行近距离活动。2006 年，围绕着环境为主题的一个项目在莫尔帕地区举行。孩子们分成好多组小型团队出发去和布列塔尼的环境行动者会面，参观了水塘，认识了养蜂人，了解了无水厕所的建造……随后他们完成了一本关于食物、替代运输、生物多样性、健康居住、垃圾处理的生态旅行指南。这还不是全部，为了重新利用和重新挖掘这个区域的探索内容，雷恩教学和社会活动组织通过投票提出了多项针对辖区儿童的不同项目。在活动中，修理自行车的移动工作室、步行大巴、撰写适合不同季节的食谱。协会希望继续思考环境与处于不稳定状态的人群之间的关系，特别是已经实践的行动结果表明，活动有力动员了家庭与儿童并切实参与其中。

《水龙骨》（Polypode）第 13 期，2009 年 1 月

寓教于乐

青少年及其课外活动

青少年是协会或者当地团体组织课外活动的主要消费群。这些活动在学校放假期间进行，通常目的是给所有人同等的冒险机会。10 多年来，在假期中外出逗留的时间减少了。20 世纪 90 年代初期，在大自然中进行 3 个星期的露营还是挺普遍的。我们现在更倾向于每周出行 3 次，每次都进行不同的活动。然而，环境教育者可以从这种消费逻辑转变为教育与培训的逻辑，即随着时间的推移（花些时间……）使青少年和自然和谐相处。

在大自然中的出行

“在大自然中”是学校自然网络分发的一份出行目录册，其目的是让每个参与者与大自然进行不同的、多样化和多变的体验。

体育活动

国家统计与经济研究所（INSEE）在2003年做的一项调查显示，3000万以上的法国人在过去的一年中至少参与过一项体育活动。2004年，青少年体育部统计有1500万体育联盟的许可证持有者。参与体育运动可能导致运动器材、饮料特别是能量饮料的消费。参与体育运动同样可以对环境产生影响。实际上，大自然就是一个广阔的运动场地，尤其是马术、帆船、皮划艇、徒步、滑雪、水下运动、骑车旅行……增强运动员的环境意识，尤其是他们在一个脆弱或拥挤的环境，这是一个重要的问题。正是在这个背景下，宣传这些在大自然中的体育项目，尤其是在脆弱或拥挤的环境中，这是非常关键的一点。就是在这种情况下，奥组委签署了“21世纪议程”措施。

残疾人士动力

对于下莱茵省法国瘫痪人士组织的地区代表人杰奎琳·施

密特（Jacqueline Schmitt）来说，她参与了 2004 年国家环境教育会议，当时的主题是“其他受众，其他观点”“大自然会帮助克服很多困难，并且有时避免使用药物。那些行动不便的人对自然活动的期待非常强烈”。在自然区域优化残疾人通道不是不可行，需要提前考虑周全：规划涂有坚固保护层，1.4 米宽且坡度不高的通道。

他们思考环境教育

大自然中的体育运动，环境教育的载体

麦尔莱（Merlet）协会发现绝大多数自然辅导员都在户外实践体育活动（APPN）并且通常都没有意识到他们很擅长体育。他们在户外体育活动中的表现往往和优秀的体能有关，而这一点阻碍了他们从文化层面来诠释这一层面，所以他们无法按照专业方式从事这项工作。对麦尔莱来说，户外体育活动是沉浸在大自然中最理想的方式。在环境教育中通常使用最多的是运动鞋和双肩背包，有时也可以是独木舟、背带和越野自行车。实践活动不分贵贱，没有界限，造成了海浪、悬崖峭壁、惊涛骇浪的大自然和孕育了兰花的是同一个大自然。麦尔莱培训自然教育者来掌握户外体育活动。不再需要自然教育者和体育教育者两个人在旁边，而是一个人就可以整合两种方法。所以，他是一个在大众普及教育层面里掌握了所有技能（技术、安全、教育、自然主义）的人。如今，

青少年、大众普及教育和体育教学专业资格证（BPJEPS）的体系结构使体育方法与环境教育相结合成为可能。

他们做到了，是可行的！

针对所有人的远足

一直到现在，阿雷山脉的山峰对于行动不便的人都是无法到达的。现在这将不再是难题！在经历了4年的尝试之后，由经济社会发展协会（ADDES）提供的6台适用于各种路况的独轮椅，使他们可以和其他人一样，在志愿者的指导下享受徒步远足带来的乐趣，分享冒险旅程。

到目前为止，已经有超过400个行动不便的人，用独轮椅远足过了，所有人都十分满意。“过去我只是知道远足这个词。现在，我才真正了解远足指的是什么。”弗朗索瓦－泽维尔说道，还有玛丽－宝拉激动地说：“终于有一次，我可以和你们在一样的高度上欣赏风景。”

如今，接待残疾人士成为一项定期并且有公共资金支持保障的服务内容。这项服务如果被中断的话将会是非常遗憾的，因为这个服务填补了还未被满足的需求：即使建筑物、设施、场所的无障碍通道有了长足发展，但在自然娱乐和体育实践方面，对于残疾人士来说仍然没有太多选择。

范奇·奥利维尔（Fanch Olivier）

《水龙骨》，第13期，2009年1月

环境教育有社会效用吗?

从缺少认知……

环境教育协会的社会效用并不被熟知，也未被认可。正如其他领域的相关事情一样，当前的困难导致了分流。因此，有些似乎可以很好植根的合作伙伴却转变为协会之间的竞争或者降低成为给机构供应服务，比如通过招标。

学校自然网络 2009 年年度大会引言节选

……到协会社会效用的评估措施!

自 2006 年以来，包括学校自然网络在内的环境行动者，在国家环境资源保护中心（CNARE）框架内，开始致力于开发环境社会效应（DEVUSE）的评估措施和评估制度。这个措施是为了在参与方式和外部支持（个人或者集体）的背景下，帮助环境协会提高知名度并且提高他们活动的价值。

参与社会效用评估体系的协会可以获得:

——对他们机构的项目、他们的活动和他们的效用进行沟通，旨在之后准备更加完善;

——向他们的合作伙伴，宣传一种更具可读性和一致性的方式，给他们提供对机构使用的整体看法和具体分析;

——在联合行动的拟订和长期协定方面发挥建议作用;

——将机构的社会效用与所需的公共资金联系起来，以便对整个社会负责；

——通过推动会员在参与性活动中的介入，加强机构内部活跃度；

——投入到专业化进程。

评估的标准

评估环境和环境教育机构社会效应的工具可以使他们增强所处地区协会项目的影响力。罗讷—阿尔卑斯大区的自然环境活动和启蒙教育团体在很大程度上促进了社会效用在环境中的评估体系的构建。确立了七个标准领域，分为四大主题，提出了社会效用现象的四个愿景。

教育，公民身份，参与，民主，社会联系，社会化，社会融入。

1. 与主题相关的标准环境教育以及公民教育、民主学习。

2. 与社会化主题相关的标准：社会联系、社会凝聚力、社会融入。

可持续性发展和区域发展。

3. 对当地可持续性发展项目的贡献标准。

4. 项目区域性社会资金的贡献相关标准

社会经济的优点，其中包括环境教育。

5. 隶属于社会经济规则和原则体系的相关标准。

6. 对遵守社会经济优点相关标准：社会公平、积极、团结。

经济、社会、教育和环境的革新。

7. 与经济、社会、教育、环境、制度的革新相关的标准。

下诺曼底社会经济地方议会观点

虽然社会效应的概念被广泛地使用，但其定义还是在公众机构和志愿者组织里引起了很多辩论。然而，为了能够观察这项行为的社会效应并且能够对其评估，有必要设置一些标准。

这一概念在近代历史上与社会经济的发展密切相关，并且和价值与项目的优势有着密切的关系。

在1998年12月15日与协会相关的税收指示中特别提出了社会效用的概念。在该税收指示中，首先解决的是协会管理是否无私，通过参考与公司的竞争与税收问题来评估协会的活动：

——如果活动目的是满足某种需求，而非满足市场需求，那么该产品就具有社会效用；

——目标受众必须与那些由于经济或者社会原因无法接触市场所提供的服务的人员相对应；

——盈余必须用于非营利目的的项目的融资；

——价格要么由公众当局批准，要么低于商业部门的价格，要么根据受益人的社会情况进行调整；

——作为盈利方式的广告是不允许的，除了呼吁公众捐款的募集活动和传播给那些已经从协会获得利益的人的信息。

来源：下诺曼底社会经济门户

行动者[1]

了解可持续性发展环境教育的行动者

多年来，以可持续性发展为方向的环境教育逐渐扩大。它不仅是教育，如今还是一项根据社会文化转型形式呈现的社会项目。这一文化变革如果要在危机来临前短时间内实现，必须接触到大众。为了接触到全体大众，要借鉴至少四种渠道：意识渠道、信息渠道、培训渠道，最后是教育渠道。我们立刻就可以看到与之相关的大量行动者。多样的参与者使得环境教育变得多样化、活跃并且有对比性。

由先驱者的意愿出发，通常是教师和社会文化辅导员，他们围绕着共同的价值，并且在协会和交流圈中聚集，因此众多行动者在环境教育都有呈现，其历史使命、面临的挑战以及价值观更为多样化。多样性甚至说是复杂性，为行动者

---

① 一个网络不是为了自己生产，而是分享成员生产的内容，并促进成员共同生产与思考。

之间的商讨策略铺平道路。

行动者的思维模式

一个简单的问题“法国可持续性发展环境教育依靠谁？”，答案显然是复杂的。在过去十年中，可持续性发展环境教育行动者的思维方式飞速发展。思维方式可以取决于地区规模、活跃度还有实施的政策……也可以取决于构成社会组织的四种影响范畴。到处都有的组织，尤其是群体网络和讨论平台，倾向于将行动者的思维方式模式化，以使这个领域更加清晰并且获得认可。

地区思维模式

法国是一个复杂的综合体，在欧洲项目中法国上层的作用变弱，它必须通过下层的地方项目来切入，而这些项目通常渴望更多的自主权。一个环境教育项目，取决于它发生的地点，取决于它想发展的当地内容，将遇到非常不同的条件。随着这些参与行动者的推进，每个地区所要采取的道路可能都是不同的。

在四个领域的组织思维模式

如果我们按照普遍利益的降序排列，我们会考虑四个方面的因素：国家领域、集体领域、社会公民领域和企业领域。

——国家公众权力机构范围包括国家、各个部、公共机构（例：自来水公司）、权力下放的服务机构（例：地区文化宣传部门）、公众教学机构、研究机构（比如国家科学研究中心）。

——地方公众权利方面包括地方集体和地方公众机构。

——社会公民方面包括非营利组织、基金会、工会和公民。

——商业方面包括企业（其中也包括社会主义经济企业）和个体工作者。

这些领域中每一个都有自己的内部网络圈和团体。可持续性发展环境教育地区网络和以可持续性发展环境教育为主题的网络（比如：城市爱好者，城市环境教育网络圈）寻求在这四个领域的行动者之间建立联系，寻找合作机会和发挥协同作用，为环境教育来进行社会动员。

公民社团

——协会，环境教学的支柱

公民社团，独立完整的力量

公民社团是由协会和工会组成。这些行动者有切实的权力，而这些权力既不在投票箱里，也不在金钱中……更多是存在于行动、集结、反应性、创造性、批判精神、承诺、不断更新的活力中……1999 年在西雅图的一次示威就是由很多不同的协会和工会组成的联盟阻止了世界贸易组织（OMC）在那里的会议。

发展中的环境教育支柱……

协会是法国环境教育的支柱之一。协会身份的选择体现了行动者的社会准则，对他们来说环境教育不是一个营利性的举动。尤其是他们参与了自然和环境保护的入门课之后，这些协会和社会共同在发展，没有忘记他们的初衷，他们又回归到环境、社会、文化、教育和现今经济的论题。年复一年，这些协会组织集中在一起组成网络，分享经验，对他们其中很多人来说，一个共同的文化促使他们积极参与，大规模提升对环境教育的认可和普及。

……并不断专业化

环境教育协会组织也在不断专业化。协会是志愿者的意志和积极性的结晶，如今越来越被训练有素的合格专业人士带领、协调、组织；校长、教学负责人、培训师、活动辅导员、项目负责人，不要忘记厨师和维修人员，他们同样积极参与了接待机构的管理。同时，这种专业化确实也困扰了团体或个人合作伙伴，他们有时忽略了协会形式的最初目标，认为协会组织更像是服务供应商，而不是伴随社会发展的合作伙伴。

官方文献

“协会是一个协议，通过协会，两个或更多的人在一起，以一种长期的方式，通过他们的知识和行动来达到分享利润以外的目的。它的有效性适用于合同和义务的一般法律规定的约束。”

2009年5月16日，

加强社会组织合同相关的1901年7月1日法规条款1

他们思考环境教育

可持续性发展环境教育的普及，协会的角色

“面对所有不同类型的受众进行自然与人文环境的培训与宣传，旨在提高受众自身的治理意识”，这是布尔欧布瓦自然启蒙中心的目标，一个在阿登省成立于1983年的环境教育协会，在20年中，引发很多人对自然的关注。差不多在同一时期，在法国其他地区诞生了其他协会有着同样的决心和共同的价值观的其他协会。在全国范围，教育者们开始在“学校自然网络”汇集并且交流他们的实践，学校自然网络于1990年发展为协会。近些年，环境教育除了由一些专职教师来支撑之外，大部分是由协会和他们的环境自然活动辅导员、专业教育工作者来运营，通常他们都是在青少年和体育部或是农业教育部受过培训和毕业的。

[环境教育协会与网络]凭借着其专业性和实地经验，在2002年由总理委任给里卡尔教授的任务中做出了巨大贡献。这一任务肩负着“要具体考虑当今社会的需求，不管在校内还是校外，寻求能够加强环境教育与培训的方式”的重任。因此，毋庸置疑，协会领域在一定程度上应归功于2004年7月15日发布的国家教育部官方简报（BOEN），该通函旨在普及以可持续性发展的环境教育。21世纪初，很多成立了20到30年的协会，比如布尔欧布瓦的自然启蒙中心销声匿迹了。如果有些人认为它们已经“自生自灭”并且完成了它们普及可持续性发展环境教育的使命，其他人，更多的人，则对环境教育在法国的日渐贫瘠而惋惜，他们认同协会组织在全国教育中作为的重要性。

朱丽叶·切里奇－诺尔（Juliette Chériki-Nort）。

2007年11月，教育挑战第8期文章节选

阿登省学术审查

公民社团

——活跃的协会

正如当地媒体经常报道的，环境教育协会不满足于在小学里开展垃圾分类的活动。他们活动领域更加广阔、丰富且复杂，通常还不完全被人熟知。环境教育协会为推动教育和

地区性项目，将自己打造成多种技能的汇合中心，同时也是资源中心。

组织

协会中的行动者们为地区的活动组织做出了贡献。在营地、在山里小路上、在农场里、在港口、垃圾分类中心、海滩、或是在森林中引导公众，这些活动辅导员推动了对公众景观、系统和设施的了解，建立人与环境之间的联系，同时给参与者提供丰富的情感体验。

训练

协会将他们的理论知识、实践和方法论传授给初级或是在职培训的各种参与者：辅导员、教师、旅游导游、登山向导、耕作者、手工业者、分类代表、团体考察负责人。他们的培训活动使技能得到传播。

陪同参与

旅游局希望开展一个夏季出行探索自然和遗产的项目。市镇委员会希望参与到提高居民垃圾分类收集意识的过程中。一个休闲中心计划在学年中的每个周三围绕自然主题举办活动。通过他们的专业知识，这些协会陪同参与项目的承接者，从概念到落地，一直到评估他们的环境教育行动。

有梦想并带来梦想

环境教育协会也是将有共同目标的人聚集在一起的组织，这些人通常直接或间接以社会的变革为目标。因此，协会构想着他们的“未来领土”（或是整体社会）并且规划了 5 年，10 年和 15 年，成为开拓者和先驱者，敢于采取行动，并在他们的道路上培训志愿者、员工和支持者。

行动者

尤济耶尔生态学家协会（位于法国普拉德勒莱兹），35 年的环境教育历史

尤济耶尔生态学家协会，以科学生态学为基础，追寻着两个互补的目标：

——以教学技术和多样宣传为方式的环境教育，没有优先权或是教条主义，目的是环境问题的启蒙和意识提高以及对公民的培训教育；

——关于环境管理方面的建议，尤其是以保护物种和环境为目的。

协会的行动覆盖了地中海所有的景观（海岸、农田、灌木丛石灰质荒地），并且吸引所有公众的兴趣（学生、老师、民选代表、技术人员、自然科学爱好者），可以使每个人形成个人的且有论据的观点，并最后做出相应选择。

环境长期启蒙教育中心（CPIE），标签协会

82个环境长期启蒙教育中心（CPIE），分布在63个省和21个大区，它们带来环境管理项目、休闲探索活动、学校集体活动，还有培训活动。

环境长期启蒙教育中心的行为结合了三种参与方式。

——研究，学习、咨询、鉴定服务；

——开发，当地行动者一起对特定区域的资源保护和再利用；

——传递，通过结合科学、感情和文化一体的方式，面对不同受众的教学活动。

环境长期启蒙教育中心（CPIE）这一标签只授予那些与他们身份、价值及网络圈参与规则相关的活动协会。与当地和全国合作伙伴一起，它保证了所进行活动的质量，常设团队的能力，以及它自身协会组织的地区扎根性。

城市环境启蒙中心（CIEU）

城市环境启蒙中心，位于加来海峡的阿拉斯，2004年被授予亚多亚城市环境长期启蒙教育中心（CPIE）标签，是一个以发展城市和公民环境启蒙与教育的协会组织。它提出要面向所有人简化了解过程、分享现今城市和建设明日城市的方面采取行动。这项教育计划具体表现为一项教学课程，其中有四项基本阶段：探索（体验城市）、了解（阅读城市）、

辩论和提出见解（思考城市）以及行动（改变城市）。它面对学校机构，但同时也针对家庭、成人、当地团体、娱乐中心和社教中心，展开了活动、学习和培训行动。

公民社团

——协会行动者的总体类型

乍一看，我们倾向于将环境教育协会划分到环境协会大类，简称 APNE（自然和环境保护协会）。但是，重要的是要认识到，在其他领域比如大众普及教育、文化、健康、体育、国际交流等都有相当多的协会在项目活动中进行环境教育。

环境教育协会

大部分的独立协会都具有高度专业性，他们有活动辅导员团队，他们有时管理设备，比如大自然中的房屋，无论它们是否归属公众。他们参与将不同的合作伙伴聚集一起的活动。其中一些被贴上了联邦的标签并组织起来。

保护自然协会

他们与 20 世纪五六十年代发展起来的自然保护运动有关，这是对土地过度开发所做出的反应。他们在当地和全国范围采取行动，对动物、植物、遗址、风景区等进行维护和保护。协会很大一部分被归入全国总会法国自然环境（FNE）

中，并做一些游说活动，旨在通过法国、欧洲和国际法律加强对环境的保护。

土地管理协会

大区自然保护区（CREN）收购或租赁具有高遗产价值的土地。这些协会和当地（通常是省级）团体建立了非常牢固的合作伙伴关系，他们通常是自然保护区的管理者。

环境整合协会

他们因经济活动属于一体化部门。在自然环境管理的领域方面，多年来成立了很多协会。目的不仅仅是保护自然，还让有社交困难的人一同融入。这个领域非常多样化，同时展开和法律范畴有关的组织活动。

大众普及教育协会（139—143页）

致力于环境教育的国家规模的协会和联合会指示性选择

协会	简短介绍
国家常设环境启蒙教育中心联盟（UNCPIE）	管理常设环境启蒙中心标签，在所有常设环境启蒙中心中组织活动和相互协调，全国机构的代表
学习与保护环境俱乐部联盟（FCPN）	以“大众普及教育，尤其是面对青少年的自然主义文化发展”为目标。集合法国、欧洲其他国家和非洲400家以上俱乐部

续表

协会	简短介绍
星球科学	给青少年课余生活或是学期中提供实验性的科技活动
小机灵	通过活动、培训和出版教材来提高对科技的兴趣
法国自然环境（FNE）	集合近3000个保护自然环境的协会，他们保留自己的自主性但同时有着同样的目标
法国自然保护区(RNF)	协调和推动自然保护区管理人的网络，保护自然保护区（超过300个保护区域），让他们知晓并去提升他们在大众心中的形象
法国自然区域（ENF）	集合自然区域的艺术学院，努力通过控制土地，使用和环境管理来保护自然风景遗产
鸟类保护联盟（LPO）	目的是保护鸟类和他们生存的生态系统，尤其是和它们相关的动植物群，以及全球的生物多样性
昆虫与其环境管理办事处（OPIE）	鼓励昆虫学的实践，发展昆虫学研究，尤其是在它们所处的生态环境
国际农场教育活动联盟	联合40多家组织教育活动的农场 通过在家庭生态系统中的有效的浸入，寻找建立一个人与动物、人与环境之间的敏感关系

地方政府

权限分享

根据权力下放的制度，责任由不同的地方政府承担。需要知道通过什么样的途径来提出一个环境教育项目。比如市政当局负责学校的管理（建设和运营）……而非教育，教育是由国家教育部通过学术检查的责任。各学区负责人管理各自的学院和中学，这些学校的教学则由校长负责。团体的主动性推动着或者引导着当地区域阶层，学校机构负责管理举措也在增多（21 世纪议程，可持续性发展措施机构，生态学校）。市镇委员会一个专门权限是上门收集和处理城市家庭垃圾箱分类。但是，这种垃圾管理方式通常被委派给一个跨市镇合作的公众机构：市镇委员会或单一 / 多重任务的工会。通过省或跨省的计划，那些省可以保证垃圾处理的能力。

其他地区动态

除了传统的三级市镇—省—大区之外，在地方项目的决议中，地方领导部门也会和选民代表和当地行动者联合共同合作。国家自然公园和大区自然公园就把当地法规政策（旅游、环境、居住环境、遗产）和环境教育实践者的专业知识结合了起来。这些由地区公众机构来实施的参与方式，通常在那些市民、协会和工会已经组织起来的地区运行得更好。

关键角色

不管将其称为当地的或地区的，这些团体在为发展可持续性发展的环境教育中都起着关键的作用，和地区公众机构是一样的。市镇、市镇委员会、国家、大区自然公园、省、大区和那些选民代表是当地公众权利的体现。在全法各地有各种各样的倡议，但是同样也存在很大的异质性。一些区域在很长一段时间都做了非常好的工作，但仍有一些

地区并不尽如人意，而这样的地区还很多，是真正的偏僻区域。一个在可持续性发展环境教育中非常重要的问题是，如今这些团体能否可以围绕可持续性发展环境教育来组织国家级别的活动。

他们做到了，是可行的！

梦想的孵化器

因维威尔奥古尔（位于阿登省）市政府希望规划周边非营利性空间，他们委托社会凝聚力城市契约（CUCS）项目负责人娜迪亚·赛迪（Nadia Saidi），进行居民咨询。娜迪亚·赛迪（Nadia Saidi）于是寻求了合作伙伴帮助，以便让青少年参与到未来的趣味性设施的选择中来。来自“出发吧青少年”协会的两位艺术参与者带领儿童和青少年在学校或课余时间，通过多种语言和方法来表达自己的需要和意愿。一位摄像师录下了活动中的重要时刻，并创作了一部电影来讲解项目过程。一位建筑师和一位环境教育项目负责人参与其中丰富了青少年项目并且推动项目实现。这些游戏项目的落成都来自孩子们的设计成果，比如在池塘周围小型娱乐中心的开发和管理，尤其意识到并且要提高自然空间利用价值的整体方法，让居民了解并感受到自己的工业小城不仅仅是城市的，也是属于乡村的。

官方文献

地方团体的改革趋势?

2008年，由爱德华·巴拉杜尔（Edouard Balladur）担任主席，以当地团体改革为目的的委员会创立了，旨在研究用恰当方式简化当地团体结构，使他们权限的分配更清晰，并允许更好地分配其财务手段。2009年3月，一份报告送交给法国总统，明确提出了20个提案：推进大区的志愿者组合并修改区域范围，将数量降为15个；推动省内志愿者的组和、选定，从2014年之后，通过同一个选举选出大区和省的参政员。

跨市镇合作公共机构（EPCI）的情况

跨市镇合作公共机构（EPCI）是市镇的集合，目的为在团结一致的范围内开展共同项目。

有专有税制的 跨市镇合作公共机构	无专有税制的 跨市镇合作公共机构
▲市镇的共同体 ▲城市及郊区的共同体（居民数在5万至50万之间，其中至少有一个城市有15000以上居民） ▲城市共同体（超过50万居民） ▲新兴城市和郊区工会	▲单一行业的跨市镇工会 ▲多重行业的跨市镇工会

国家公众权力

四个部门曾参与到其中：环境部、青少年和体育部、农业部以及教育部，它们的确切命名经常会变化。

“环境”和“青少年和体育”方面

环境部，从历史上来说，无可争议地这个部门从它文化本身就与可持续发展环境保护的发展有紧密关系。很快将被纳入大区环境治理和居住管理处（DREAL）中的环境各大区管理处（DIREN），通常是与该地区可持续性发展环境教育行动者最早的对话者。掌管环境的部门在训练其他部门中扮演着重要角色，其中的行动包括“地球一千个挑战”。然而，与环境教育活动的重要性和期望比起来，环境部门的预算非常少。而青少年和体育方面，由未成年人集体接待组织（ACM）提供的环境教育可能性非常大。休闲度假中心的活动辅导员工作执照（BAFA）和负责人工作执照（BAFD）培训是非常好的传授方法的机会，并且是那些想成为自然环境辅导员的青少年和老年人的机遇。在专业集体活动的组织培训方面，青少年和体育部发放不同的文凭。

“农业”和“国家教育”方面

农业部将其“区域的”方法，实地实践和小组工作作为教学基础，通常是和可持续性发展环境教育相关行动者最接近的部门。此外，2009 年在农业高中举行的数次可持续性发展环境教育区域会议并非巧合。矛盾的是，该部如今在它的预算里删除了“地区集体活动”这一项。在国家教育层面，事情变得更加复杂。可持续性发展环境教育的定义是跨学科的，与传统神圣不可侵犯的“一个学科，一个小时，一位教授，一个班级”模式相冲突。探索的班级，无论是雪、是绿色、环境的、红色的或者大海，都在消逝的过程中。尽管如此，在 2004 年和 2007 年时，农业部发表了“可持续性发展环境教育”，然后是可持续性发展教育的推广普及通函，将这些概念引入教学计划的核心。

行动者

与环境负责部门相关的机构

该部将它们一些任务委托给在它监管之下或是在相关其他部门监管之下的机构来完成。此外，一些公众服务任务是由私有公司来接管。

主题	机构
资源，管辖地和居住条件	▲ 6 个水资源事务所 ▲地质矿产研究所（BRGM） ▲法国海洋探索研究中心（IFREMER） ▲国家地质学院（IGN） ▲国家狩猎和野生动物办事处（ONCFS） ▲国家森林办事处（ONF）
能源和气候	▲环境和能源控制事务所（环境与能源管理所 ADEME） ▲原子能委员会（CEA） ▲法国石油中心（IFP）
可持续性发展	▲沿海和沿湖地区保护区（CELRL） ▲国家自然历史博物馆（MNHN） ▲法国国家公园（PNF）

国家羊圈，多功能空间

自 18 世纪创立以来，国家羊圈就与农业和地区相结合，通过实验、培训、普及，在全国范围内，以新的概念和新的实践出现在欧洲乃至全世界。国家羊圈一直对这些任务尽职尽责，它如今成为一个集资源、培训、农业教学支持为一体，本着可持续性发展为内容的技能活动中心。

提供的服务基于：

▲研究发展中心，组织活动、培训、研讨会和可持续农业工作研究班、区域内部参与性方式、乡村旅游和面向可持续性发展的环境教育（跨部门运作“在森林学校”，教学农场资源中心）；

▲培训中心，根据见习期的不同，提供启蒙或再培训内容；

▲一个同时具有马术中心和农业开垦的技术平台，在朝着可持续性农业方向发展着它的实践活动。

企业

——企业，可持续性发展环境教育不可回避的合作伙伴

从推广环境……

一些曾经有过污染排放或是有品牌形象需要推广的企业，将环境视为理所当然。这适用于企业活动对环境的物理因素有很大影响的化学工业集团或公司。对其他企业而言，环境意味着约束和监管。是关于空气、水、噪音、垃圾、工业场地清理的标准。

……环境是进步的因素

如今，企业也意识到保证可持续性发展的必要性及其社会责任。作为企业，投入到可持续性发展的进程中，是采用理智的发展方式，以实现可持续经济效益。在公司战略和管理中考虑到可持续性发展的挑战，是一种积极、有用并且高效的参与和宣传地球未来的方式。

协会与企业之间的关系

如何看待协会和企业？一个企业抢掠自然资源，污染环境，只想着从牺牲自然和他人来获取利益？生态协会则是期待着蜡烛使用的回归，无法融入社会的不切实际的梦想家？实际上与刻板形象相去甚远，近些年相互描绘的方式发生了变化，变得更多样化。从期待简单的经济支持，到共同分享教育项目的愿望，引导协会和企业共同行动的动机是多样的。

企业多元化

公司的属性和名称反映了非常不同的现实状况。公司，可以是有着不可思议营业额的跨国公司；是在地铁的广告牌上出现的公司。但是公司，同样也是个体经营者；他们也是这个区或是村庄周边的商人；是一项公益事业，雇佣有社交困难的人；是由职工创立的合作社，以接管那些无人想要的古老企业。

协会与企业

企业和协会可以合作吗？我们中很多人都在问这个问题。协会和企业合作，超越疑虑和不信任，超越陈旧观念和过往经历。关于合作揭示了建设型轨道的交叉观点，在学校自然网络自 2004 年开始的行动研究果实，分析了在环境教育背景下协会和企业之间合作条件的落实。阻力、手段、道德：很多可辨读的关键元素，根据协会和企业参与者的见证，来提出重要的参考点。没有成功秘诀，但是有指导警惕性的指导方针，并在合作中强调要考虑到的决定性标准。

扬尼克·布鲁塞尔（Yannick Bruxelle），

皮埃尔·费尔兹（Pierre Feltz），

维洛妮可·拉波斯托尔（Véronique Lapostolle）

《协会和企业》。关于合作的交叉看法。学校自然网络，2009

他们做到了，是可行的！

身体自然，负责任的企业

提供健康的、高质量的并且不贵的产品，同时最大限度地减少我们留下的生态印记，这是有可能的，而且我们每天都在论证着！我们的实验室位于一个34公顷生物动态作物区中心，在这里，我们将绿色能源集中起来（太阳能发电站、风车、沼气锅炉、纯净水源……）。通过分类和再利用，我们同样也最大限度地降低垃圾的产生。超过100%生态的和可再生的原材料，我们所提供的每一个产品都是整体、严密的产物，贯穿从生产到使用到处置整个过程。

奥利维尔·吉尔博（Olivier Guilbaud），

普瓦图—夏朗德大区自然环境活动和

启蒙教育团体的信（GRAINE），第18期，2009年

行动者

自然与探索（Nature et découvertes）公司承诺的基本规则节选

我们对您满意的承诺

给全年龄段的受众提供独特、高品质的产品，可以使他们探索自然并激发灵感。

把我们的商店打造成一个新奇、宁静又亲民的地方，在那里我们的团队会给您提供建议并且分享我们关于自然的知识。

我们的教学承诺

通过面对所有人丰富多样的教学活动，普及大自然的丰富知识和体验。

地区性群体网络

——利用群体网络进行环境教育

为了交流和认知来组成群体网络

20世纪80年代在全国范围内发起的行动者网络大大促进了环境教育部门的发展。该群体网络的运作可以弥补一些缺陷：专业培训课程、教学方法和合适工具的缺失；缺少可以使行动者在实践中相互交流和提高能力的专业机构；对环境教育的社会认知的缺失。因此，环境教育行动者联合起来，加强相互彼此的关系，相互学习并且提高他们的知名度。

不同规模的群体网络

在全国群体网络中，学校自然网络、17 个大区群体、9 个省内群体，它们以协会的形式组织起来，活跃而且开放，将 1000 多个教育机构，以及成千上万的环境教育活动分子紧密联系。大区级别的群体网络大多数命名为 GRAINE：大区自然环境活动和启蒙教育团体。其中两个已经选择了轻微的个性化：布列塔尼环境教育网络（REEB）和以阿尔萨斯大区自然与环境启蒙教育协会（ARIENA）。很多省的群体网络都叫作环境教育网络（REE）。其他则选择了更加个性化的名称。在各个不同级别的网络圈中没有层级关系，所以并不是由代表选举制度管理的金字塔式决策方式。

群体网络成员

2006 年，地区网络总共有超过 1000 名法人成员，数千名自然人成员。这些机构和个人都加入了某一规模的群体网络。83% 的成员结构是协会。团体和公众机构的比例趋向增长。企业成员大多数是独立的员工。很少有社会机构参与地区环境教育网络。至于个人，他们来自不同的职业：教育者、老师、活跃分子……

地区群体网络

——群体网络，另一种方式来实现合作

共同采取措施

按照定义来说，群体网络对所有成员都有用。首先它是资源汇集的地方。它的首要目的不是由自己生产，而是将成员生产的东西汇集到一起，促使它的成员共同生产和思考。它的有效性基于在成员间建立联系并且流通信息、思考、资源、人员……群体网络结构建立在成员行动之间的无竞争的首要基础之上：汇集他们的技能来帮助他人，并且使所有人进步，团队朝着同一目标前进。但是，在集体活动落实之后，行动者可以在参与群体网络的动力中寻找其他的如社交、关系、信息、活动的共鸣、价值和理念的一致……

水平原则

群体网络特征是，它的水平状态和成员之间无等级制度。它和联邦或联合会的区别就是，在另外两个里面会存在统一化和等级制的倾向。等级制度太鲜明的组织很容易减少活动量并且感受到接待、适应和发展的困难。一个活动项目，如果想要跨越矛盾，和运动中的社会同步，那么它需要一个沟通良好的组织来承接。群体网络是在它生存的同时被创造。它没有把一种哲学强加于成员身上，而是倾向于依靠成员为基础发展存活。我们并不仅仅成为网络中的成员，我们也参与其中。

民主的迫切需要

群体网络的先驱者已经记录了很多知名的社会运动，其中原始动力很快被权力持有者或操纵者的可疑行为所打碎。开放式网络倾向于每天发明新的决策方式，以团队来行动。为了得到提升，参与性的民主需要真正的生存下来。权力和责任的分摊，倾听和对他人的尊重推动了行动中的信心与成功。群体网络的办公室经常组织合作管理：那些合作管理者根据责任组织职权共同分摊权力。

作为群体网络的辅导员

主要任务	以及其他……
沟通	▲组织信息的传播 ▲将自己定位为有资源的人 ▲发起成员之间的交流 ▲撰写网络的介绍文件 ▲接待和通知大众及新成员 ▲代表群体网络
活跃	▲推动成员共同做项目的意愿 ▲强调成员之间互补性 ▲推动物质和非物质资源的分享 ▲向成员传播对外项目的机会
便利	▲帮助成员在团队中传播他们的提议 ▲收集并连接意愿、想法和项目 ▲设置一些工具来简化交流和生产 ▲维持工作中各团队的联系

官方文献

法兰西岛大区自然环境活动和启蒙教育团体（GRAINE）的目标

法兰西岛大区自然环境活动和启蒙教育团体的目标是简化信息交流，提高法兰西岛自然环境组织的专业知识。它发起了一些共同活动，面对公共和私人的合作伙伴提高他们的价值，所有的行动都是为了自然和环境教育的发展。每一位成员的专业能力都很强，并且凭借自然活动专业人士的应用教学，法兰西岛大区自然环境活动和启蒙教育团体提议让所有法兰西岛的人都能够探索和了解他们的生存环境。

协会章程第 2 条

他们考虑环境教育

普瓦图—夏朗德大区自然环境活动和启蒙教育团体（GRAINE）：面向所有人的网络

我们的群体网络是由成员——个人或者不同机构的代表——以及大区自然环境活动和启蒙教育团体的员工管理的。很多志愿者自愿全心投入并且参与到群体网络生活中：撰写联络简报、与项目相关的智囊团、地区性会议的组织、宣传大区自然环境活动和启蒙教育团体……员工之间关系更加紧密，他们参与培训，保证项目协调和对环境行动与市民行动的重视。群体网络与当地团体、国家教育的代表、公共机构以及企业合作工作。

摘自行业群体网络网站

代表性
——区域动态

日益增长的社会重要性

二三十年前，环境教育还鲜被人知晓，近年来由于它所引起的问题，公共合作伙伴、企业或者大众意识到它的社会重要性。这一兴趣与当前人口的生态意识，“可持续性发展”的概念的出现，以及所有教育行动者开展的长期工作相适应。

专业知识和代表性

从创立以来，地区网络就承担了一个重要的作用即代表他们的成员，更广泛的说是该地区环境的重要代表。他们的社会目的是宣传和发展环境教育，这些群体网络参与所有地点的机构商讨、教学鉴定、公众辩论……在那里他们可以带来实地经验、教学思考和战略分析等知识。在其可持续发展教育十年框架背景中群体网络的存在，在地区团体咨询机构中尤为重要，无论是在市镇、省或者大区级别，还是国家层面，甚至国际层面上的联合国。

地区性的出席

群体网络越来越多地以国家发展委员会、当地活动团队（GAL）领导、地方水资源委员会（CLE）、水资源治理和管理纲要（SAGE）的形式，参与地区发展机构。群体网络经常出现在各个部门：环境部门、国家教育（大学校长和学术审查）、大区农业和林业代表处（DRAF）和大区青少年体育管理处（DRJS），以及国家机构——环境与能源管理所（ADEME）和水资源机构。这一专业方面的贡献通常在例如“21世纪议程”“气候行动计划”“环境健康大区计划”“生物多样性大区纲要”“可持续性发展周”等行动计划的落实中体现，那些协会被邀请以行动指导委员会形式共同参与的大区的行动，采用比如“我的星球的1000个挑战”，或是“为可持续性发展环境教育的学术委员会”。在这些官方机构之外，群体网络还参与到更广泛更多的节庆、体育、文化、青少年和科技活动中去。

他们做到了，是可行的！

普罗旺斯—阿尔卑斯—蔚蓝海岸大区实例

自2004年大区商讨平台创立以来，普罗旺斯—阿尔卑斯—蔚蓝海岸大区自然环境活动和启蒙教育团体（GRAINE）自荐来承接多方商讨空间的活动组织，该活动汇集了可持续性发展环境教育机构和协会的行动者。在该平台的活动日常工作之外，2006年的大事记是12月5、6、7日三天在普罗旺斯—阿尔卑斯—蔚蓝海岸大区议会，它聚集了不同出身的400名参与者。会议结束时，平台的成员全部签署了一份承诺宣言。该工作收集了由所有参与者起草的以发展可持续性发展环境教育为目的的详细提案。这些提案的综述需要以共享方针文件和行动档案为基础达成。在自下而上的民主运动中，大区的动态很大程度上基于大区内各个省的动态，之后则是对辅助性原则应用的长期研究。

其他地方

由于社会、经济和环境的问题都超出了国境的范围，幸好是这个原因，环境教育既不专属于大城市，也不专属于法国……在相似或者不同的现实中分享着相似的热情和价值观的人们的推动下，协会、群体网络、部委、公民、国际合作志愿者都在行动。

在摩洛哥

自1992年里约大会之后，摩洛哥在教学环节落实了环境教育宣传的基础，通过对课程的改变，课程中越来越多地涵盖与环境相关的概念，也通过部委公函鼓励教学机构创立环境俱乐部。[……]大区的教育和培训学术机构以及国家教育部的代表团和生命地球科学教师协会共同在摩洛哥不同的地区创立了环境教育中心。这10个中心是可持续性发展环境教育活动和培训场所，旨在为教师、学习者和大众提供便利。穆罕默德六世环境保护基金会围绕环境问题，针对教学机构的“报道和摄影”培训与国家考试，来促进“环境新闻”，[……]尽管对课程的丰富性和项目的落地有所提及，但由于协会所遭遇的限制和所有行动者之间缺乏商讨，可持续性发展环境教育工作的专业化仍遥不可及。

玛丽卡·伊赫拉琴（Malika Ihrachen），阿卜德尔卡德·凯瓦（Abdelkader Kaioua），哈桑·福格拉赫（Hassan Fougrach），
穆罕默德·塔尔比（Mohamed Talbi）
普瓦图—夏朗德大区自然环境活动和启蒙教育团体公文，第18号文件，2009

意德（IDée），比利时群体网络

意德（IDée）群体网络创立于1989年。它与其成员合作开展与环境相关的社会教育项目，被认为是“个人与社会群体与其周遭生活环境的关系，正如与全球环境间的关系”（露西·索维）。

通过其工作，意德（IDée）网络逐步建立所有环境教育行动者之间的联系：各级老师、辅导员、培训师、家长、生态顾问……它希望促进行动者之间的会面，以便更好地交流信息。它重视项目和教学工具、培训以及环境教育中心的价值。

投身于别处

在现今已有的项目框架内，如果希望去南部国家作为国际互助志愿者（VSI）工作，我们可以咨询：

- 法国进步志愿者协会（AFVP），面向未满30岁人群（可以有例外）；

- 合作发展处（SCD），没有年龄要求。

我们同样可以和南部国家的协会共同发起一个可持续性发展环境教育项目，并请求法国进步志愿者协会或是合作发展处的帮助来取得国际互助志愿者身份。

拥有该身份能够在国际范围内做12到24个月的志愿者，投身于非洲、拉丁美洲、亚洲和东欧的互助活动。

这些志愿者会得到外交部批准的协会支持，该协会共同资助他们的培训，保证他们的任务分配、差旅费、生活补助、社会保险以及回程陪同。

所有这些都是环境教育领域的创新。确实，专门从事发展教育的国际互助组织很少开展可持续发展环境教育项目，而是更多地投身于更加宽泛的教育活动中。出发投身到其他国家地区并不是心血来潮，这是一项任重道远并逐渐成长的项目，重要的是考虑什么原因促使我们走出国界。“为什么我想出去？去那里做什么，怎么去做？在这一行动中我的价值又是什么？”无论我们做什么，我们的行动都会对人类有影响……

世界环境教育大会

于 2009 年 5 月在蒙特利尔举行的第五届世界环境教育大会，给来自 106 个国家近 2000 名该领域行动者提供了打开通向在学校、机构、辖区、公司、城市、村庄和大区里更好“共同生活”道路的机会，旨在更好地居住在我们共同的地球上。该活动是知识交流、实践分享、起草政策方针、以及庆祝的集会。

大会不仅作为分享专业知识的地方，同时也给不同机构提供了加强合作的机会。对 200 多个与活动组织相关的环境教育行动者的动员，有助于加强包括魁北克在内的群体网络的紧密连接。

三个问题激发着参与者：如何让环境教育：

▲ 丰富我们的生活？

▲ 构建社会革新？

▲ 影响公共政策？

汇集资源！

共同发展环境教育

资源的汇集，目的是给共同的目标添砖加瓦，并能够从数据库、从经验丰富的人际网络、从无与伦比的资源中受益。如今，如果非常多的环境教育网络投身于制定该地区的当地政策中，群体网络最初并且也还是当前的任务之一即能够汇集资源。为了汇集分享实践、工具、资源、想法、窍门、活动地点的大大小小的秘密，环境教育群体的期刊（7本）、新闻简报（16份）、网站（20个）、网络定期信件（11份）……尤其是环境教育大会和交流日促成了行动者以及对此怀有热情的人的直接联系，充分发挥人际关系。这些会议和交流日也是培训和共同培训的时间，即所有这些汇集资源的机会，环境教育才有机会被创造、被接受、被发展和发展以及自我更新。

由群体网络组织的会议与交流日主题

群体网络组织方	会议主题	交流日主题
北部大区自然环境活动和启蒙教育团体	在教学实践和在社会中的合作与竞赛	昆虫学，寻找小虫子 水：从源头到海洋，全部回归于大海
下诺曼底大区自然环境活动和启蒙教育团体	环境教育艺术想象和表达	可持续发展环境教育教学机构 水塘和湿地
布列塔尼环境教育网络（REEB）	培养环境、社会、健康和经济对我们食物选择影响的意识。 关于该跨学科主题用什么样的教学研究方法	
普瓦图—夏朗德大区自然环境活动和启蒙教育团体		蓝色星球，可持续发展环境教育的工具——在自然中，什么样的工具有什么样的价值? 遗产，从建筑到技术，可持续发展环境教育有什么样的价值?
南部比利牛斯大区自然环境活动和启蒙教育团体		艺术和自然——花园——在接待机构中的生态责任——环境教育和社会与团结经济之间的联系——在城市中的环境教育
朗格多克—鲁西永大区自然环境活动和启蒙教育团体	宣传和社会心理学：选用哪种行动路径来提高大众对环境的意识?	水资源、沿海的、自然和文化遗产、青少年娱乐、协会和团体之间的合作
普罗旺斯—阿尔卑斯—蔚蓝海岸大区自然环境活动和启蒙教育团体		使环境教育建立在饮食主题之上 重塑公众，残疾群体：什么样的接纳，什么样的活动?

群体网络组织方	会议主题	交流日主题
罗讷—阿尔卑斯大区自然环境活动和启蒙教育团体	共同进行可持续发展环境教育，教育是文化方面的问题	水资源的教学：从技术到教学……面向大众—垃圾：有毒物质—水：生物的踪迹和自然的风险
环境教育网络 05（上阿尔卑斯大区和埃克兰山）	上阿尔卑斯大区 10 年环境教育，那么之后呢？关于可持续发展环境教育的综合看法和上阿尔卑斯大区的群体网络	风景—海拔湖泊—地区水的管理方式—参加—水，垃圾—能源—食品—假日休闲中心

见证

见面与交流：维生素效应

……我太兴奋了。再次感受到如此受追捧的维他命效应是多么的棒。[……] 于是我精神饱满地回去上班，并且有了新的联系方，我希望这些新的联系方可以成为我在法国之外开展一个环境教育项目的动力（是我很感兴趣的众多交流工作坊之一）。同时这也是会议的间接效应，可以使我们为推动新的项目而建立新的联系……

杰拉尔尼·库特（Géraldine Couteau），

第 22 届学校和自然全国会议参与者

《双脚踩在土地上》，2008 年 8 月

培训与就业

培养并在可持续性发展环境教育领域工作

近年来，无论在就业数量上，还是在实践与相关职业的多样性方面，面向可持续性发展环境教育领域都有了重大的发展。环境教育的挑战也在不断增加，这一教育越来越被认为是一种在环境方面配合公众法规、预防危险的和可持续性发展的工具。

尽管这个职业存在并得到雇主（协会、地方团体、娱乐部门、农业部门、旅游部门……）的认可，并且被分为多个级别的责任和能力，但它仍有必要致力于提高接受度和更好的构架来获得真正的官方认可。

在这个背景下，能力的提高以及从业者的再培训都是必不可少的。因此，一些可持续性发展环境教育行动者联合起来，比如由卫生部、青少年部、体育部发起的认证更顺应时代。各种群体网络和组织（其中有学校自然网络，国家常设环境启蒙教育中心联盟，法国自然环境……）甚至提出了创建一个专门针对可持续性发展环境教育的完整培训课程计划。

（特定的职业培训流程促进雇主需求的资格，并确保现今和未来雇员的职业发展轨迹）

成为环境教育者

通过协会途径

有一些协会，通常是地区性环境教育群体网络，开展了为卫生部、青少年部和体育部所发放的文凭而筹备的培训，并且被授权可以进行由国家承认的专业培训。在开设了能够获得大众普及教育技术活动组织者国家执照（BEATEP）的培训之后，如今他们还给青少年、大众普及教育和体育专业证书（BPJEPS）“大众娱乐方向”培训实习生，提供第四级别文凭[相当于中学毕业会考（Bac）水平]。培训内容的选择也有所不同：“旅游、环境、遗产”，“环境与可持续性发展”，“自然文化遗产，可持续性发展”。对于第三级别的文凭培训（相当于大学二年级），有些其他机构会颁发青少年、大众普及教育和体育国家文凭（DEJEPS），并且提供例如“环境与可持续性发展专项辅导员”的培训。在协会界内部还会提供虽没有国家文凭认证，但是有资格认证的培训。还有由弗朗什—孔泰大区常设环境启蒙教育中心联盟（URCPIE）提供的生态讲解员培训，或是由乡村旅游活动培训协会（AFRAT）

提供的自然徒步向导培训。

通过农业教育途径

多年来农业教育一直对环境非常敏感，并已经将自然活动培训纳入课程。自然活动专业，自然管理与保护方向（GPN）第三级别的农业高级技师证书（BTS），是由农业部颁发，可获得业内管理与保护能力，以及活动技术和项目管理能力。位于汝拉省的蒙莫罗特农业学校甚至将高级技师证书（BTS）和山区旅游向导国家证书结合起来。

通过大学途径

不久前，国家教育文凭更多涉及科技活动、文化媒介或者是教育科学，如今还会开设环境教育培训。这里还有由图尔大学技术学院提供的专业执照“科技与环境教育媒介”，针对教学活动辅导员和科学调解员的培训，让他们有能力在科学、技术和环境领域思考，成为合同雇员，根据多样性的公众来组织信息、启蒙和教育活动。

授予文凭的培训

通过搜索引擎和网络查询，很容易找到这些培训相关信息。还可以通过联系前实习生和学生，向他们咨询有关他们参与过的培训的看法。

培训名称	效用
青少年、大众普及教育和体育专业证书（BPJEPS）大众娱乐方向 不同的培训机构［地方环境教育群体网络，大众普及教育和体育中心（CREPS）］	国家四级文凭（中学毕业会考） 以所选方向来培训通才职业辅导员。取代大众普及教育技术活动组织者国家执照（BEATEP）。
青少年、大众普及教育和体育国家文凭（DEJEPS）“地方，发展和群体网络”活动方向 不同培训机构	国家三级文凭（大学二年级 Bac+2）。培养活动组织协调者、群体网络辅导员、活动组织负责人等职业。取代活动职能相关国家文凭（DEFA）。
自然管理和保护方向农业高级技师证书（BTSA GPN）“自然活动”方向 不同农业教学机构	国家三级文凭（大学二年级 Bac+2）。一方面了解关于该领域的管理和保护基础概念，另一方面了解活动组织的技术。 目标是培训学员以保护和复兴生态丰富性与多样性，提高公众意识，提升区域的价值或是管理空间。
图尔大学技术学院 科学与环境教育媒介应用方向本科	大学二级文凭（本科文凭 Bac+3）。培养不同职业，比如地方群体网络活动辅导员、城市环境活动辅导员、科学活动辅导员、任务／项目负责人、绿色休闲活动的设计者和实现者、教学协调者、科学媒介、自然活动负责人，主题部门负责人。
可持续性发展环境教育项目协调者应用方向本科 弗洛拉克农业植物校区	大学二级文凭（本科文凭 Bac+3）。它为可持续性发展环境教育项目协调职业做准备。 它更加专业地提出，培养该职业的两大主要方向：可持续性发展环境教育培训的教学责任与参与。

资格认证培训

培训名称	效用
生态讲解员培训 弗朗什－孔泰大区常设环境启蒙教育中心联盟（URCPIE）	可以获得二级文凭培训（本科文凭 Bac+3） 预备环境项目负责人职责，既是调停者又是教育者，启蒙不同的环境受众
环境自然教育者培训 阿基坦大区自然环境活动和启蒙教育团体（GRAINE）	预备自然环境教育者职责 该培训融汇 4 个方面的能力：项目指导—活动组织—信息和宣传—工具概念

补充培训

在环境教育中的自我培养，同样也是在再培训机会中自我培养，在这一点上，无论我们是辅导员、老师，还是当地团体的项目负责人，都要自我学习。

面向所有人的培训

很多机构都提供培训和实习机会，可以让参与者在一天或几天中，深入研究一种可以丰富他们环境教育实践的方法与技术。由全国或地方的专业群体网络组织的环境教育会议，每年都聚集了各类环境教育参与者：教师、辅导员、研究人员、各个部委和地方团体代表、项目发起人……会议通常分为三个阶段：实地工坊（以项目教学为基础的教学实践试验），交流工坊（以参与者介绍活动经验为基础的交流与思考），还有更为传统的以讲座和圆桌形式的培训时间。

培训和会议丰富了专业与个人生活，提供了一个可以扩大资源、相互交流、降低自己独自努力的孤立感，和其他有活力的人相接触，并共同促进可持续性发展环境教育的大环境。

面向教师的培训

即使教师的职业不是单纯地指环境教育者，环境教育的发展在很大程度上要归功于教师。2004 年到 2007 年，有两份通函旨在将这种教育普及化。2007 年的通函中有一整段在讲培训。我们来举个例子："教师的角色是让学生学习培养他们批判思维。要教育他们学会选择而不是交给他们选择的结果。为了这些，所有人都需要被培训。"通函中提到"各种不同学科、跨学科、类别之间的培训"，还有"培训需要分为恰当的级别：学院、省、地区或是机构"。每一个学院都拟了一份学术培训计划（PAF），它将整个学年提供给教师的培训都集中在一起。在这种情况下，和可持续性发展教育相关的培训可以（或不）和合作伙伴相结合。有很多面向环境以及环境教育相关农业机构人员的培训。农业和渔业部教育与研究总局每年都会发布国家再教育培训计划。

再培训行动者与情况不详尽甄选

了解更多的信息，可以查阅环境教育网络网站，其中有每年的培训内容目录。

机　构	
机构名称	培训主题举例
环境教育 64	实地交流、讲故事、巡回露营、植物学、不利条件与自然活动、环境教育培训师……以及休闲度假中心的活动辅导员工作执照（BAFA）培训
环境教育培训研究中心（IFREE）	活动展览、花园、生态责任、想象研究方法、生物多样性、叙述、艺术和自然、风景、残疾受众、农业和土地、参与者、国际团结……
鲁巴塔斯环境教育协会	教育与能源意识、生态建设、艺术与自然、儿童科学教育……
维尔奥登（Le Viel Audon）	食品（安全、卫生、教学）、野外美食……以及休闲度假中心的活动辅导员工作执照（BAFA）培训
麦尔莱特（Le Merlet）协会	自然活动、植物学、野外体力活动、露营须知和窍门……以及休闲度假中心的活动辅导员工作执照（BAFA）和青少年、大众普及教育和体育专业证书（BPJEPS）培训

群体网络及成员	
机构名称	培训主题举例
中部地区大区自然环境活动和启蒙教育团体	处理水资源、能源、生物多样性的关键……介绍驻地的技巧、组织活动的技巧、评估、植物学……
罗讷—阿尔卑斯大区自然环境活动和启蒙教育团体	呈现、园艺和教学、园艺分享、建立可持续性发展举措机构（E3D）的教学项目、可持续性发展方法、能教育到能量效率……
阿尔萨斯大区自然与环境启蒙教育协会（阿尔萨斯）	能源在学校、艺术和自然、面包烤箱的建造……
布列塔尼环境教育网络（布列塔尼）	与自然和在自然中活动，增强对可持续性发展的敏感性，对沿海自然的好奇，教育消费，回收，药用的植物，活动组织者的角色和工具，染液，野外烹饪……

行动者

环境教育培训研究中心（IFREE）

位于普瓦图—夏朗德大区的环境教育培训研究学院，是与国家[国家教育、大区环境管理处（DIREN）、大区工作职业和专业培训管理处（DRTEFP）……]、普瓦图—夏朗德大区议会、环境教育组织协会以及环境保护协会密切合作的协会机构。每年都提出非常丰富的培训项目计划，这些项目针对专业人士志愿者，比如活动辅导员、老师、教育工作者、技术人员、行政人员、接待机构负责人……这些培训在丰富的研究方法和主题的基础上呈现：食品、园艺、能源、生物多样性、垃圾、可持续性发展方式、讲故事、展览、艺术和自然、残疾受众……

在可持续性发展环境教育领域工作

就业机会成倍增加，部门结构越来越完善，可持续性发展环境教育工作获得成果与认可。这些让业内人士更活跃的任务旨在宣传环境可持续管理的关键和方法，提高公众对自然和环境的意识，引导他们行为举止的改变，最后教育、培训和传播知识和技能。

四种专业关系

与环境相关的活动与教育行为提出了四种专业关系，其中各专业都相互渗透：

- 在大众普及教育中贯穿了可持续性发展环境教育主旨的社会文化活动和体育活动；

- 旅游和当地发展，通过团体的意愿，提高自然遗产的价值达到经济目的；

- 农业和农村特性，通过研究新的有报酬的活动需求和巩固农业生活的需求，来提高其遗产价值和传统技巧；

- 对环境的管理和保护，通过调整个人和团体行为，来更好地保护与管理这些领域。

五种活动类型

1. 推动与环境相关的启蒙、教学与教育系列活动，朝可持续发展方向发展；

2. 构想与管理环境教育项目；

3. 在环境方面培养儿童、青少年和成年人；

4. 设想和／或使用环境教育教学工具；

5. 管理团队与成员。

四种职业

1. 自然环境活动辅导员（级别 4）：设计简单的活动，使用大数据来指导教学大纲；

2. 自然环境教育者（级别 3）: 教学项目设计，社会教育活动协调，直接管理；

3. 专业培训师，教学负责人，顾问，陪同人员，中介（级别 2）；

4. 培训策划，教育管理（级别 1）：机构或服务的整体教学项目设计，领导，机构的管理。

正在进行中！

为环境教育的职业课程

如今尚不存在特定的职业培训课程能够满足雇主需求资

格，并确保现有和未来员工的职业道路。这一职业课程将促进教育界和受过培训与得到认可的，特别是在2004年7月关于可持续性发展环境教育普及的全国教育通函体系下的专业人士之间，建立真正的合作伙伴关系。最后，该课程还可以实现现实的认知，职业的价值提高和社会或专业领域的上升推论。

陪同实践手册

《环境部门展望》国家环境资源保护中心（CNAR），2007

环境教育者在哪里工作?			
在活动机构	在管理机构	在公共机构	以及其他
▲环境教育协会 ▲环境启蒙常设中心 ▲环境教育网络 ▲自然保护协会 ▲接待中心（未成年人团体接待，探索班级……） ▲营地组织协会 ▲教学农田 ……	▲混合工会 ▲市镇共同体 ▲居民点 ▲自然保护区 ▲自然区域2000 ▲自然场馆 ▲其他主体性场馆 ▲生态博物馆 ……	▲国家公园 ▲地区自然公园 ▲区域团体 ▲水资源代理机构 ……	▲发展协会 ▲附属公司 ▲专业组织 ▲合作企业 …… 不要忘记那些建立自己账号的环境教育者（自由职业工作者）

环境教育研究

为什么进行环境教育研究?

研究是环境教育整个“体系”中不可缺少的一部分。它在原理与实践上提供深思熟虑的观点；这样的观点对该领域走向成熟是十分必要的：更多的证明、关联和效率，更多驱动，更多的合法性和支持。更具体地说，我们在这里提到要做环境教育研究的三个主要理由：

——通过对经历的叙述来丰富思考；研究为教育参与带来“附加价值”：它揭示其意义，解释基础知识（通常是隐含的），提供资料并分析动力与过程，它将积极的方面发扬光大；

——保存进展的批判性的记忆；研究逐步构建思考、了解、专业技能的“遗产”，这些使研究能够保存（通过记录）、筹划（为更方便查询）、丰富和传播；

——更多地给参与者提供关联和效率；实际上研究通过给基础知识、方针、研究方式、模式和证实与确认的战略提供建议，指引着教育行为。

露西·索维（Lucie Sauvé）（2005）。环境教育研究标记
露西·索维（Sauvé, L.）伊莎贝拉·欧蕾拉娜（Orellana, I.）
和范·斯坦伯格（Van Steenberghe），E. 环境教育
知识的交汇，蒙特利尔：Acfas组织[1]，第140期，27—49页

① Acfas组织：加拿大非营利组织，其宗旨是促进科学活动，促进研究并用法语传播知识。（译者注）

在研究领域

在大学的环境里对环境教育研究是可行的，尤其在教育学、人类学、科学媒介或是社会心理学领域。我们同样可以加入或是创立一支研究团队，比如生态培训研究团队（GREF）。环境教育网络也会引导在活动领域的研究。正如学校自然网络的成员扬尼克·布鲁塞尔（Yannick Bruxelle），皮埃尔·费尔兹（Pierre Feltz）和维洛妮可·拉波斯托尔（Véronique Lapostolle），他们进行了关于协会与企业之间合作方式的行动研究，他们的研究方法与结论都收录在学校自然网络的系列手册中。

研究方向——指示性选择

方向	研究员	背景
从孩提时的梦想家到渔夫，从孩童成长为成年人，世界的行动者。通向和人类相关的哲学——从在户外教育实践发起的生态的研究方式和对复杂事件的思考	菲利普·尼古拉斯（Philippe Nicolas）（2006–2007）	教育学研究博士论文。巴黎八大
协助为了环境教育的学校与博物馆的合作研究：分析博物馆合作方的特点与潜在力量	塞西尔·福尔丹－德巴尔（Cécile Fortin–Debart）（2003）	博物馆学和科学媒介博士论文。巴黎国家自然历史博物馆
在什么样的宇宙中我们来介绍孩子？在小学教育的启蒙教育中，环境教育制度化的关键	汤姆·贝里曼（Tom Berryman）（2007）	教育学博士论文。魁北克蒙特利尔大学

国际网络

环境教育研究国际法语区网络（RefERE）旨在推动该领域研究的定性发展，并且促进研究员在科学领域和实践领域都能便捷地参与工作。

该群体网络有三个整体目标：

——在法语区国家环境教育领域和相关领域努力工作的研究员之间建立交流、合作和协同的关系。这关乎提高研究员的工作价值，促进再培训合作，建立或加强在正式领域的研究员和实践领域的行动者之间的联系。

——推动环境教育和与之相关领域的项目、产品的传播与讨论。法语区国家的研究仍旧鲜有编纂入册，环境教育研究国际法语区网络（RefERE）网站将所有的报道、文章以及其他在这个领域的研究文字和文献都收集起来并提供使用。这一网络论坛成为这些研究沟通讨论战略之一。

——传播和环境教育研究相关的活动、会议以及培训信息。环境教育研究国际法语区网络（RefERE）同时也成为针对该领域研究的不断传播与改进的发起的后备力量。

杂志

《环境教育：观点—研究—思考》杂志在法语区国家的环境教育（ERE）领域以传播、交流、讨论和对活动与产品批判性分析为目的。

第一期，1998—1999 年：环境教育研究总结、挑战与展望

第二期，2000 年：环境教育演变

第三期，2001—2002 年：环境教育合作

第四期，2003 年：环境、文化和发展

第五期，2004—2005 年：文化与领土：环境教育的扎根

第六期，2006—2007 年：环境教育与学校机构

第七期，2008 年：环境教育的评判维度

第八期，2009 年：行为准则和环境教育

2

项目与地方

2000 年，在第一次全国环境教育会议之后，公民社团、团体和国家部门起草了一项发展环境教育的全国行动计划。行动计划目标 2，由法国环境教育团体（CFEE）来协调，目的是为了在各个地方层面实施环境教育法规。

“环境教育的实施通常有一个既定的等级：市镇的、跨市镇的、省的、欧洲的、全球的……在这其中每一个区域，都存在着很大的环境问题：它们一直是这么显而易见、具有争论、被表达的吗？我们是否充分考虑到公民、青少年或是成年人是这些问题所波及的第一批人吗？如何理智对待集体回应以及个人参与的决心？如何在环境冲突中采取教育行动？”

将近十年来，情况发生了变化，在许多地区，无论有没有协会和群体网络的指导陪同，都在采用地方环境教育政策，这是基于可持续性发展的地方性举措而出现的。环境对策会议和 21 世纪议程考虑将地方民主和国家事务管理作为优先的时候，所有的环境教育项目都要意识到其行动地区的现实问题。

在地区政策中引入项目

在2000年第一次全国环境教育大会上起草的“国家环境教育发展行动计划”中，提出要鼓励各地区制定环境教育地方政策，尤其要：

▲推动每一级地区（大区、省、大区自然公园、国家、村镇、跨市镇、市镇）通过对环境教育的发展和追踪监管来共同协商场所与设施的建造；

▲促进公共决策者与从业者的关系，以发展环境教育（投资决策和辩论地点）；

▲在地方政策中纳入环境教育相关内容：国家——大区计划合同、省级计划、国家合同、市级合同、当地教育合同、欧洲项目实施文件、环境基本法、大区自然公园基本法……

▲当地所有教育方面的环境政策相辅相成（事例：垃圾收集模式，河流契约合同……）。

如果地方法规已经确立，环境教育项目的承办人可以在其中引入自己的项目。如果不是这种情况，他可以在推动当地相关政策中扮演重要角色，不管涉及的是地方团体类型的区域还是由环境法规定义的区域：河流契约合同，土地利用总体规划和水资源管理，Natura 2000[①] 站点……

（环境教育从业者面临的挑战是成为在当地人口与决策者实施的环境和土地治理政策之间的优先行动者。）

大区，省

在大区里

大区的主要目的是致力于经济发展和本地区管理。大区议会必须“推动本地区经济、社会、卫生、文化和科技的发展，以及当地的管理以确保其身份得到保护”。大区还拥有公众设施、职业培训、高中管理、当代艺术的经济支持的能力。除了这些通用技能，大区还致力于可持续性发展甚至是环境教育。

比如卢瓦尔河地区大区就环境教育方面和若干合作伙伴签署了一份合约。该大区通过独特的地方合约，或是汇水盆地和大区自然公园的大区合约，来支持当地环境教育。它为大区协作机构提供支持，这些机构是大区自然与环境活动启蒙团体（GRAINE）卢瓦尔河地区和环境启蒙常设中心大区

① Natura 2000：欧洲联盟提出并建立的自然保护区网络。（译者注）

联盟（URCPIE），并且每年发起项目征集来支持协会、市镇和跨市镇组织的有代表性和创新的活动。香槟—阿登大区批准在外出的活动中（每位学生每天10到13€）或是年度项目中（80%为补助，每天140€封顶），给那些与环境教育专业人士一起组织活动的学校和自然俱乐部提供经济上的支持。

在省里

各省负责社会和卫生工作（儿童社会福利、残疾人福利、老年人援助、社会和职业融入……），空间和设施的管理，教育，文化和遗产（学校管理、中央借阅图书馆、艺术教学发展纲要……），经济活动。各省发展各自的环境法规。

莫尔比昂省力求“根据可持续发展原则，调和环境保护，维护愉悦和有吸引力的生活环境以及整个省内充满活力的经济发展”。马提尼克岛总议会，通过保护遗址、景观和自然环境的质量，保护生物多样性，开发散步与徒步路线以及保护马提尼克大部分森林来提高自然遗产价值。罗泽尔省拟定了环境基本法，其中第五条，“保护环境人人有责”要求“对公众进行环境教育”。

他们考虑环境教育

可持续性发展环境教育，德龙省的重中之重

对省议会来说，可持续性发展环境教育通过以下问题和

随后的行动来优先落实。

▲全球变暖；

▲食品质量；

▲在易感自然区域（ENS）的环境下对自然的保护。

我希望这些地方能被大众更加熟知。这就是为什么在2009年5月的一个周末，我们要组织举办德龙省自然遗产日。这一大活动目的是为了开发所有参与协会和八个易感自然区域（ENS）的价值，以鼓动和激励德龙省人来参观我们自己的独特遗址。

▲能源政策；

▲水资源政策；

▲垃圾管理。这个部门很少被人们注意到，所以需要重新焕发活力。由于缺乏协调，所以对于居民来说这一项目的内容并不清晰。居民需要知道谁来做什么以及每个人的责任是什么……

在可持续性发展环境教育中，我的目标之一是协调所有的活动，以获得更加清晰的可见性，但同时也为了获得更好的资金支持。我们需要有一个共同的战略计划：每个由省议会组织的活动，一个或多个协会将会是“领头羊”，这是他们价值的体现和身份的明确。

米歇尔·里瓦西（Michèle Rivasi），德龙省总议会长，

第九届副省长，环境负责人，

罗讷—阿尔卑斯大区自然环境活动
和启蒙教育团体（GRAINE）公文，
第 34 期，2008 年秋

在大区和省里，现有契约规定的文件，比如活动计划和大区宪章。

大区和省	现有文件
阿基坦大区	大区宪章（2005）
奥弗涅大区	– 由大学区区长拟定的大区宪章 – 由大学区区长签字的大区协议，环境与能源管理所（ADEME）和水资源管理处。以发展奥弗涅环境教育为目的的大区议会和大区团体之间的多年协议
布列塔尼大区	大区活动计划
圭亚那	框架协议，大区宪章和大区活动计划
朗格多克—鲁西永大区	2007 年更新的框架协议，大区活动计划
罗泽尔	环境基本法其中包括环境教育内容和环境培训内容
马约特岛	框架协议
南部—比利牛斯大区	框架协议
普罗旺斯—阿尔卑斯—蔚蓝海岸大区	大区可持续发展环境教育协商平台合作伙伴承诺宣言
卢瓦尔河地区大区	框架协议，大区活动计划
普瓦图—夏朗德大区	国家与大区间协议

大区自然公园，国家公园

在大区自然公园（PNR）中

大区自然公园（PNR）是有人居住的乡村地区，由联合市镇组成，因其自然、风景和文化的富饶而得到国家级别认证。除其他任务之外，大区自然公园应该保护自然、文化和景观遗产，允许人类从事不同的活动，但同时也要对经济、社会、文化和生活质量的发展做出贡献，并保证对大众的接待、教育和信息传播。

大区自然公园联合会声明："环境和地区的教育与培训是公园行动的首要载体：旨在向大众宣传、增强意识、动员、信服，并最终还有成为雇员的可能性。"这些大区自然公园在教育方面也确定了四个教学目标，以造福该地区：

——探索当地并且继续探索其他地区；

——了解环境的复杂性和当地的问题；

——在当地对公民可持续性行动进行动员和说服；

——与当地活跃力量一同行动和参与。

大区自然公园（PNR）的当地环境教育政策已经在地区基本法起草的时候，在其大纲中就决定了，由联合市镇确认并且有效期十年。然后根据当地行动者在大区自然公园（PNR）项目负责人组织的会议中的需求和期望而演变。

在国家公园中

国家公园的核心地带是一片宽阔的空间，那里优先考虑保护环境、动植物物种、景观和文化遗产。目的是要建立特殊的规章。公园的区域内也包括一片“联合区”。公园中心附近的市镇成为了最理想空间的一部分，而且有并入公园基本章程的可能。公园中心、脆弱并受保护的自然珍宝以及联合区形成了一个真实的生态圈，其中那些非凡的空间亟须可持续发展。自2006年国家公园重建以来设立的国家公园基本法，旨在加强当地行动者对公园的适应性，并给予公园周边政策的稳定性。它界定了由当地行动者建立的共同项目，即保护和重视其核心的当地可持续性发展项目。在保护生物多样性和大众接待的任务中，公园可以采取教育政策。

官方文献

阿尔代什省山脉在大区自然公园中的教育行动

我们所有人都与教育行动相关联。我们所有人既是行动者也是受益者。不会有一边“都懂的人”，另一边“被动的受众”，相互的知识和经验才是公园想分享的。大区自然公园应该是一个交流和会面的场所。我们要对我们所知道的事物负责：学习尊重他人和学习尊重环境，遵循的是相同的过程。

> 公园的行为应该被大众了解、共享和承担。领地从属和文化附属的概念是极为重要的。矛盾的是，通常是外来参观者或是新的居民将卓越的独特的遗产放在首位。公园依赖于现有的接班人：教育、协会、大区旅游委员会……合作伙伴在前期概念构想阶段就已经参与合作了，哪怕只是一个联合制定的教育行为。公园规章制度旨在保护环境，基于两大方向：知识（需要事先的鉴别）和责任落实（允许所有权）。
>
> 阿尔代什省山脉大区自然公园基本法规节选

他们做到了，是可行的！

在学校里关于环境教育的比利牛斯国家公园政策

每个山谷都配有一个环境教育指导辅导员，对于老师们来说在他的领域里这一指导辅导员是首要对接人。每年的年度大会在九月份举行。大会聚集所有相关指导辅导员，宣传部门和科技委员会，在这里对过去整一年活动的量和质进行总结介绍，对来年学年提出规划决定，分享教学项目和使用材料。

对于上比利牛斯省的教师们，每学年都会安排四天的信息交流与培训。第一天，大体上是针对那些从来没有和公园共事过的人，让参与者了解国家公园（构架、实地、遗产的丰富以及和学校项目相关主题），同时还可以提出和公园工作人员共同工作的方法。剩下的三天是有主题性的，比如关于畜牧经济、熊或者猛禽类……

教育政策也预见了一些在当地班级的参与和教学工具的使用：教学手册、展览……

地区领土，教育的阵地

领土，地区

▲有人口居住的空间，由具有一些技能的团体来管理，比如，环境、环境教育。

▲所有的空间规划和环境改善工具的核心空间，比如国家地区方针合同、大区自然公园、21世纪议程、国家和居民点。

▲在空间中存在一些环境教育从业行动者，他们的教学内容确实有些脱节。

▲政治经济决策者的关键是意识到他们有一个强大的信息、启蒙和培训工具，来支持他们的环境政策与项目：环境教育。

▲环境教育从业者的关键是在他们的实践中不可以“脱离实地”：即所有的环境教育都要在当地进行。

▲环境教育实践者的关键是成为在当地群众和由决策者制定的环境和治理政策之间的优先行动者。

《绿墨水》，第45期文件节选，第9页，2002—2003年冬

领土教育

领土这个词[……]是如今众多问题的核心：地方分权、治理法规、区域性教育法规同时也是跨文化主义、全球化和被占用的土地。我们的新千年很不巧开始得并不顺利，我们的土地处在被过度禁止或者过度扩张的危险状态中！

领土这一术语向我们提出了要重视的内容，所有人都扎根在他的土地、行为和与其相关的关系中，无论这些关系是社会关系的还是想象或是理性的生态关系。

……在领土上的教育，我们应该说是在不同地区内的教育。实际上，存在他的特性、他的国家（它当然是最棒的！）、他的遗产中逃避的风险：比如井底之蛙，只关注于自己的风险。我们的迁徙让我们生活轨迹遍布各地：日常和早晚的活动、移民、旅行和长假期、梦想或秘密花园、互联网以及其他。

……很多问题需要我们面对：世界的两面性，开放或封闭的地区，逃离城市还是留在大城市打拼，接受我们人类的动物性，这些问题是非理性的，同时又刻不容缓，从“我”到“我们”，扎根在某一个地方是为了未来更好地旅行，成为生态公民或者自然公民甚至平等公民。

亨利·拉伯（Henri Labbe）。大众普及教育和青少年教育顾问

布列塔尼大区青少年体育管理处（DRJS）

《绿墨水》，第45期，第10页，2002—2003年冬

共享身份的教育

受阿登地区大区自然公园先驱协会的委托，我向阿登地区的青少年介绍了大区自然公园项目。我用一张自己设计的当地地图为基础来呈现当地的特色：景观、河流、农业活动、工业活动……我还使用了一些物品来代表当地的各方面，让孩子们来猜：一小段木头、一块砖、一片页岩、一个牛奶壶、一个快融化了的东西……

我问孩子们大区自然公园可以保护什么？他们回答：动物、植物、河流、环境、自然、水……这是肯定的，在我到来之前，这些信息就已经传授给他们了！但是，当我问他们这个问题的时候，在他们的眼前，是当地居民正在农业市场卖菜或者在冶金工厂工作的照片。在我所带领的24项活动中，只有2个或3个孩子自发回答"人！"。然而，正是这个时候，许多工厂的工人（甚至可能是这些孩子的父母）在为保留他们的工作工具而战。

领土教育显然要致力于将人和其周围的区域建立联系，能够使他分享多重身份，并且在更广阔的另外一片土地中立足。

朱丽叶特·切里奇－诺尔（Juliette Chériki-Nort）的见证

在教育机构设置中融入项目[1]

教育机构设置是一系列有针对性的实施手段、采取方法和先进的为实现更广阔的教学目标而开发的教学行动（比如：对水资源积极的公民）。教育机构设置包括教学部分（参与者、教育人员、结果、意图、目的、方法、措施、研究方法和教学工具、评估）和逻辑部分（宣传工具与方式、注册和确认程序、融资程序、机构合作、资金支持、技术、教学）。

教育机构可以独立发展，也可通过寻求构想在地方范围内或是针对特殊问题的环境教育计划，与协会、群体网络、当地团体、国家部门来合作展开。它可以采用一般活动、项目招募，可以让项目负责人便捷地融入大众环境的形式。

① 为了发展在各地方的环境教育，很多群体网络都设置教学机构。

国家机构设置和地区机构设置

很多地方、国家或国际机构都实施了在一年中某个时间或者在一项特殊活动中开展主题行动。他们的使命是通过相关方式帮助项目整合，以使项目获得认证、赞助合作、技术、教学以及有时参与到群体网络中。

特点

这些机构设置有两个明显的特点

▲它们通过推动针对主题的项目来促进其在国家或者国际层面的活跃度：面向潜在项目负责人的重要宣传，方法提供，技术与资金支持……

▲它们建立了一个强大的“传媒时刻”，用于加强对所选主题的意识传播。很多机构设置都提议举办特别日，不管是对于项目落实者还是大众，这都是一个交流与动员的独特机会。

得益

在其中一个机构中建立项目有若干好处

▲可以获得技术、方法和资金方面的支持。

▲通常需要反思目标、更加明确目标……

▲通常构成额外的激励因素，尤其是面对儿童的时候，这给项目提供了更宽广的界限。

▲最后，这是一种非常好的和其他团体、新的合作伙伴等会面、交流的方式。

在地方的教育机构

为发展地方环境教育，以实地的所有机构和合适的教学资源为基础，大批的群体网络在建立教学机构。这涉及行动规划，由实地操作机构实施，由群体网络协调并由当地合作方提供资金支持。在行动者和合作伙伴之间的接触中，群体网络充分挖掘了其在项目策划管理上的潜力和能力。同样，以其专业度而知名的协会和群体网络，越来越多地和机构行动方合作，旨在构想与建立这些和当地政策相对应的机构设置。

国家（甚至是国际）机构——象征性挑选

名称	理念	承接机构
可持续性发展周	面向协会、企业、团体……项目招募的国家行动，旨在向大众阐明可持续发展的概念。	环境部
自然节	这个节日是由自然爱好者们打造的，为了给所有人带来对自然的丰富探索和再探索的乐趣，重新建立和环境的紧密联系。	由环境部支持的国际自然保护联盟（UICN）和野外土地组织（Terre Sauvage）
科学节	面向协会、企业、团体……项目招募的国家活动，旨在分享和传播科学知识。	高等教育研究署
遗产日	面向协会、企业、团体……项目招募的国家活动，旨在促进知识服务的积极性、加强和保护文化遗产的举措。	文化宣传部
生态学校	国际环境教育课程，旨在为以环境为目的而行动的学校、初中和高中颁发生态学校认证。	欧洲环境教育法国办事处
青年环境记者	面对11岁到20岁青少年的项目，他们需要针对当地环境问题做出新闻调查。	欧洲环境教育法国办事处

若干地方机构——象征性挑选

名称	理念	承接机构
水分类	水资源分类组织的资金支持（对水态度积极的公民）。	诺曼底塞纳河水管理公司（其他水管理公司有类似的机构）
珍贵的星球	由环境与能源管理所（ADEME）发起的项目，目的是提高阿基坦的初中高中生对可持续性发展的意识（垃圾、交通、空气、能源、水、噪音）。	阿基坦大区自然环境活动和启蒙教育团体（GRAINE）
我生活，我居住的地方……我要行动	面对当地的学校机构招募项目。目的是探索、了解、分享和投入。	斯卡尔皮－艾斯卡特（Scarpe–Escaut）大区自然公园
保护环境我参与！	旨在鼓励和支持学校环境教育项目的机构设置。	阿尔萨斯大区自然与环境启蒙教育协会（ARIENA），阿尔萨斯环境教育网

共同工作

环境教育项目很少独自成型。那些尝试独自进行的人很快意识到他们不具备必要技能和资源，并且发现必须去寻找技术、资金和机构等合作伙伴。此外，环境教育的多样性和行动者的数量一直不断扩大：当地团体、国家机构、民间社团、企业和其他社会经济都关注该教育。他们必须汇集各自的优势和资源，来提高项目的质量、规模和长久性，来实现教育的目标。因此，整合团队合作是非常必要的。项目承办者有了一切必要的元素来完成项目：比起一个人单打独斗，好多人共同参与发展的项目会更加丰富、更加完整、更加有价值。

（在合作中注入一些互惠总是有可能的。）

合作关系的不同类型

小拉鲁斯字典中将合作关系定义为“社会或经济合作伙伴之间的协作系统”，将合作伙伴定义为“一个人，一个团队与之协作以达到项目的落实”。至此，理论上的解释对于理解没有问题……但是在实践中，合作关系，是一个比较现代的词汇，一个神奇的词汇或者一个万能词汇，很多情况下被乱用，尤其是我们使用同一个词却不是在同样的情景中！毫无疑问近义词辞典能更好地描绘这些现实：参与、协作、合作、协助、帮助、协会、支持、分担……

不同的表述

从提供服务到共同行动，面对同一个词“合作关系”的时候，就有着多种态度。

▲服务的提供：我叫你“为”我工作而不是“和”我工作。

▲相互信息：我们互相提供信息告诉对方该做什么。

▲咨询：关于我所做的，我咨询你的意见、授权，或是批准，但是我没有必要将其考虑在内。

▲共同商定：面对一项行动，我希望我们可以把共同的想法整合起来，我已经准备好来修改我的工作了。

▲协作：我们共同完成了一项工作，但是我们的动机可能仍然背道而驰。

▲合作：我们共同致力于该项目的成功，我们承担共同责任（我们共同承担项目的成功和失败）。

▲互惠伙伴关系：我们对一个项目有着类似的评价，并且让我们行动的接受者参与进来。

▲学习的合作关系：我们考虑从一个独特的环境中共同

学习而且创立“学习小组”。

▲融合：我们的身份消失了，我们不再知道谁做什么……

来源：协会和企业对于合作关系的相互看法

学校自然网络

因此，实现一个项目可以有不同的方法。在面对同一概念的多种呈现方式时，我们容易想象一种关系的状态是，其中一方赞同采取合作关系，而另外一方看到的完全是其他的东西。于是相互提问、交流、澄清彼此的期望是很重要的。我们在一段合作关系中期待的是什么？我们寻找的是一种什么样的关系？我们是想要有合作伙伴还是成为合作伙伴？

最初的动机指引着合作关系的形式……

类型	赞助合作关系	机会合作关系	互惠合作关系
动机	寻找落实项目的资金	传播信息。宣传一个产品，一个形象。商业手段，新的拥护者。	共同建立一个教育行动，项目……
合作关系的创始人	项目的承办者（比如说协会）	企业，积极活动的团队	不稳定的。不一定真的有定义过的规定…… 通常，官方行动者、协会、当地团体、教学机构……

（续表）

类型	赞助合作关系	机会合作关系	互惠合作关系
受请求的参与者	官方行动者（团体，国家机构）和企业（商业赞助，对文艺、科学、体育等的资助）	学校，教学团体（最常见的）	
处于进行状态的项目	已经由项目承办者很好地组织和呈现。可以根据赞助商确定的优先事项而发展。	“手中的王牌产品”由发起者卖出。	处于概念状态……合作伙伴从项目开始到它的评估都共同前进。
各方的承诺	每一方并没有真正的承诺。服务的交换：赞助的方式相对于政治上的获益或是形象的受益。	受请求的行动者成为一个活动的消费者。他在落实、进行和评估中很少协作。	合作伙伴之间的横向关系。所有的能力都考虑到了。易操作性。相互的尊重。
要保持的警惕性	要注意“小窗口”的推理方式。	好的领导的诀窍，协商传播的条件。对于教师来说，更好地检查他们提议的产品。	花时间来了解，显露出它们的价值、目标……然后协商相结合的点。

惧怕与开心

合作关系让人害怕、带来对抗，同时吸引、推动并且激发建立合作伙伴关系的人大大小小的乐趣。

需要被驯服的恐惧

▲对身份丢失、被入侵、被禁锢、“丢失灵魂”的恐惧；

▲对地位或者是官方认可的丢失的恐惧；

▲过度投资的恐惧；

▲分享权利（尤其当合作伙伴处于非常不平等的地位时）的恐惧；

▲对做出太多让步的恐惧。

需要辨别的差距以能够“共同合作”

▲在概念上或描述上的差距：就像每个人在社会中都有自己的位置，合作项目就如每个人想象的一样存在差距；

▲文化的差异，官方的文化通常都是很强势的安排好的，协会文化通常更多是建立在项目的概念上；

▲组织上的差异，存在于运行模式和纵向（等级的）支配或是横向（群体网络）的支配之间；

▲思考方式的差异（公共机构，经济逻辑……）；

▲个人身份的差异，存在于公务员和不稳定状况的人之间；

▲但是还有，积累的怨恨，由因及果的……阐明的或是隐藏的，自觉或不自觉的，个人的或是集体的……

需要超越的阻力

▲不愿意过度开放权限或者失去他们垄断的机构的阻力；

▲在制度中抵制的行动者（失去舒适，失去稳定性，被质疑的可能……）的阻力；

▲传统，习惯影响的阻力；

▲觉得自己的角色被质疑了的专家的阻力。

需要表现的喜悦

▲新的、意外的喜悦；

▲参与、分享、共同参与团体建设的喜悦；

▲“初学者合作关系”的喜悦不仅仅会带来能力的增加，还导致它是一个奇怪的方程式的一部分，即“1+1=3”。

来源：进入合作关系的文化，
扬尼克·布鲁塞尔（Yannick Bruxelle）

进行中！

团体和协会：公众委托的风险

我们注意到公众委托的制度对环境教育协会的运作产生了一些不利影响。

▲在本地或是该大区群体网络协会之间的竞争，通常在默认的情况下，有时他们会在非常有限的地区级别范围来进行（比如市镇委员会）。

▲没有考虑到协会的特殊性，把他们视为和在市场上其他经济运营商一样：那么如何让协会的项目、志愿服务和革新被认可？

▲经济因素在教学项目中的重要性：实例经常显示那些候选人的教学质量、提案的方式和专业能力，都不太考虑他们的经济因素。[……]

从长远来看，这种演变能够促进整个法律结构的完善，并且把环境教育融入法律结构中并投入使用。[……]环境教育协会的社会贡献的呈现状况是合作关系：一个合作关系，是在协商空间环境中进行社会辩论为目标的合作关系，在这一关系中所有行为都是自由和被鼓励的，并不是固定在一个委托中，在该关系中社会改革也是可能的。

罗讷—阿尔卑斯大区自然环境活动和启蒙教育团体（GRAINE）董事会，

《环境教育协会和公众群体：可持续性发展环境教育是合作关系，而不是补助！》

2008 年 6 月 12 日

合作伙伴关系，一种精神状态

环境教育项目通常集合了多种类型合作伙伴（赞助、技术、后勤……），毫无疑问它的理想状态是不惜一切代价来创造与所有人互惠互利的合作关系，包括和那些甚至还一点都没有准备好的人！

尽管如此，在合作关系中相互的作用总是会出现的，这意味着需要自己秉承着支持多方意见并且分担责任的积极态度。

一些基准点：

▲对合作伙伴表示出真正的赞赏，不要根据他们对项目

带来的主要贡献分门别类。某个机构，某个当地团体，它们并不仅仅是给项目带来所必需资金的“摇钱树”。如今所有人都在寻找关联性，并且希望投资有意义。合作伙伴同样会有想法，有想象的资源，经验……这些都可以在项目中派上用场。

▲知道如何将自己处于寻求支持的个人与机构的立场来考虑。每个人看到的都是自己的利益……就看不到其他的需求了。在真正去和潜在合作伙伴建立联系之前，提出以下基本问题是非常必要的：他和我一同工作的好处是什么？我能给他带来什么？对于他的优势、他的活动我了解了哪些？在这样一个类型的项目中是否有时间、有方法……来投资？

▲留出必要的时间来“培养合作关系”。一段合作关系不会在项目初始就一次性宣布；他会在整个项目的进行中来考察，通过会议、信息的交流、规律性的评估、对每个人的承诺的实现……所有这些都需要时间，而这些需要被编入预算并且拟入计划。

▲提高项目产品和结果的价值。将项目纳入一个善于宣传的机构是十分有用的，比如“科技展览”（有青少年参加的面向大众的科技展，持续若干天）或是可持续性发展周。同样的，在当地媒体的一篇文章、一本影集、一个在专业会议上的宣传、详细的最终评估……都是合作伙伴会欣赏并且注意到的点，尤其是对于赞助商来说，他们不会直接参与到活

动中，他们在项目结束之后才看得到从投资项目中是否有“回报”。参与项目的成功证明他们最初选择的正确，并促使他们和同一团队进行新的项目。

不同的方式看待和倾听合作关系

功利主义者的概念——拥有合作伙伴	构成主义的概念——成为合作伙伴	理想主义的概念——交换关系模式并且成为其他角色
在并列逻辑（1+1=2）中寻找我们没有的（资金，能力……）。合作关系聚焦在需要实现的工作中（结果），关系是市场动态的一部分。总体来说，多方行动者中的一个会处于整个合作的主导地位。合作伙伴关系不会超出协作的范围。	遵循有悖数学规律的（1+1=3）的组合逻辑下，寻找围绕共同项目相关的人员来共同创建项目。这种伙伴关系至少是以共同建设过程为中心，并且这种关系是建立在交流时间上的。行动者共同学习并且各自充实自己。	将合作关系想象成一个创造出来的乌托邦和引起变革的手段。这种观念可以在不同的形式下表现出来：一个具有哲学优势的“人道主义”姿态，追求人性化，或是／而且以社会关键和政治主导的姿态引起质疑。

然而，概念仍旧是没有完美的情况，需要每个人自己定位，并且考虑到个人偏好、机构或是专业的要求以及环境的限制，达到实践出真知。

扬尼克·布鲁塞尔（Yannick Bruxelle），

皮埃尔·费尔兹（Pierre Feltz），

维洛妮可·拉波斯托尔（Véronique Lapostolle）。

协会与企业。

关于合作关系的交叉看法。学校自然网络手册，32页

他们考虑环境教育

标记

协会与企业之间合作需要警惕的标记和重点

▲自问我们是否已经准备好面对除经济考虑之外的合作关系；

▲阐述自己的能力以便来明确互补性；

▲明确在合作项目中每个人的定位；

▲尽量准确地定义这些概念（环境教育、可持续性发展、合作关系……）；

▲对另一种文化保持好奇心，尝试解读合作关系相关词汇；

▲认为自己既是自由的也是受约束的；

▲认为日常生活的筹划也是集体建设的一部分；

▲考虑要评估行为，也要评估合作进展。

扬尼克·布鲁塞尔（Yannick Bruxelle），

皮埃尔·费尔兹（Pierre Feltz），

维洛妮可·拉波斯托尔（Véronique Lapostolle）。

协会与企业。

关于合作关系的交叉看法。学校自然网络手册。

在教学环境中行动

学校是进行环境教育的最理想环境。长期与稳定的团队共同工作的可能性、儿童的时间可安排性，与其他不同研究方向的专业教师方便接触等，有很多有利因素。

每一年，环境教育都在小学、初中、高中进行了数千个项目的落实。这些正是将众多可能性实现的一部分：

▲在不改变平时习惯的情况下，将环境教育整合到日常课程和科目中；

▲点对点的方式，单独活动的落实（一次参观，一次集体活动……）；

▲用更加融会贯通的方式，按照阶段开展的跨学科项目（贯穿一整个学年……）；

▲短暂的外出居住；

▲推动机构责任管理措施；

▲基于环境教育机构的教学能力；

▲……当然还有其他方式！

（探索类课程可以产生理论知识对照，让知识离开教室的黑板，走进现实，通常是更加复杂且多样的。）

询问规划！

古老的历史！

1887年，之后在1938年和1957年，环境教育开始出现在全国教育规划中："散步课程"（1887年全国教育规划），"事物的课程"还有"实验班级"让走进实地变得重要，这些课程直接面对自然并且可以对自然进行观察。从1964年开始，为期四周的"雪课"，之后有"纯净空气"课、绿色课程、山脉课程、海洋课程、阳光课程、海拔课程，它们都是由青少年和体育部资助实施，后来由全国教育部资助。1972年，我们可以在全国教育部的通函中读到："环境问题越来越成为现今的核心问题。全国教育部对这些问题非常重视，尤其是这些问题蕴含着信息和专业知识，需要形成一个真正的教育体系。"1977年，一个新的通函明确了环境教育"将致力于发展学生探索、理解和对环境负责任的态度"。

一个通向可持续性发展的现状

2004年，名为"可持续性发展环境教育（EEDD）普及"的通函取代了1977年的通函。其中详细指出，尤其是："以可持续性发展为目的的环境教育并不构成一个新的学科。而是以关联性和进步的方式存在于每一个学科或每一个领域之中（在教学不同阶段中）还有不同的学科中（每一个级别）。”

2007年，名为“可持续性发展教育（EDD）普及第二阶段”的通函对2004年的通函进行了补充……但是去掉了“环境”这个词！该通函有三个目标：“将可持续性发展教育更广泛地加入到教学计划中，增加在机构和学校中的整体举措，培训老师，并培训其他加入到该教育的人士。”2009年开学阶段通函，在其首要清单中标出的第三行，需要“继续可持续性发展教育普及”。

初级教育官方规划节选（2009）

级别	权限与能力
第Ⅰ阶段	“成为学生”：孩子们感受集体活动并且学习去合作。他们对其他人萌生兴趣并且和他们合作。他们在班级中承担责任并且表现出主动性。他们参与到一个项目或者一个活动中，召集属于自己的资源；他们也拥有了独立自主、努力和坚持的经历…… “探索生命”：他们关心环境问题并且学习尊重生命。
第Ⅱ阶段	“公民道德教育”：学生们学习社会礼貌行为规则。他们逐步学习有责任的行为并且更加独立自主。 “探索生命的世界，物质和物体”：他们学习个人和集体卫生安全规范。他们了解在生命与环境之间的互动，并且他们学习尊重环境。
第Ⅲ阶段	“实验性科学与技术”：实验性科学和技术的目的是理解并描述真实的世界，即自然世界和由人类创建的世界，并且以此为基础，掌握由人类活动引发的变化。他们的研究致力于能让学生们一方面区分事实与可证实的假设，另一方面区分观点和信仰。 “地理”：地理项目是为了描述和理解人类如何生活和治理土地等。这一项目结合科学，致力于可持续性发展教育。

官方文献

在中学阶段，公民教育、司法教育和社会教育（ECJS）（2000—2002）

高中一年级：“从社会生活到公民身份”

“公民身份的探索是基于社会生活的研究，学生通过对政策根源和其随着时间推移它的成果的分析来了解。”

高中二年级：“公民身份机构和实践”

“公民身份的研究可以使城市政策机构的基本运行得到分析。基本的宪法条款向政党、选举系统和公共自由的民主机构开放。通过比较，在时间和空间上理解公民身份的概念、机构和实践的多样性。”

高中三年级：“公民身份面对当代世界的变革”

“公民身份与当代世界的大转型变革的对抗，在所有没有争论意图的情况下，会引发可争论的主题，比如平等的不同概念，媒体的角色，公正的独立性，或者以家庭、科技或者社会发展引发的问题。”

行动框架

如果国家机构、当地团体、协会和群体网络就在国家教育机构内部开发教育机构设置，那么这可以促进共享学科的工作，并且在合作关系开放的学校中，为环境教育行为创造一个官方框架环境。

▲学校或是机构的项目。必须要了解的是：当行动目标和学校项目目标一致的时候，该行动会更容易实施。

▲教育活动项目（PAE）或是文化项目（根据学校不同会更改名称）。它代表了开展环境教育项目和活动最常被选择和最有趣的机构之一。

▲在艺术文化项目课程（PAC）中，环境项目可以通过与艺术家的合作来进行，如一件艺术作品的完成（用回收的材料制作的雕塑，探索手册和宣传板的制作），对遗产的研究，科技文化的学习……

▲给初中、高中学生提供的科技工作坊，还有给小学、初中、高中提供的创新科技教育行动。

▲组织到别处短期居住。毫无疑问，这是环境教育实践非常强大而且高效的时刻。

▲当地教育合作（CEL）。在部门之间，他们充分运用在校时间来发展整体和相关教育项目。当地教育合作优先在不同的当地教育行动者中间（学校机构、协会、市镇……）进行。

▲多样性的课程，在中学中的探索路线（IDD）、普通高中个人管理工作（TPE）、职业高中专业性多学科项目（PPCP）……他们提出利用学年度时间来落实由学生发起的项目。

▲某些学科（高中法治社会公民教育）以及与学校生活相关联的机构（初高中健康和公民教育委员会，高中生活委员会）也有待投资开发。

在这些框架内实施项目的责任就落在了教师身上。不管在什么情况下，这一责任都不能而且不可以委托给合作机构。也就是说，显然最理想的是在教师与合作机构之间的联系沟通要在项目开始之前就确定，以便起草联合文件。

官方文献

探索课程，扎根于经验和经历中

从教学的角度来看，探索课程提供了在实际规模上与以往课程相同的优势：它们允许在课堂学习的理论知识应用到更加复杂而多样的现实中，并产生冲突。它们从观察的角度来召集儿童，设立地理、动植物群、历史、建筑和艺术遗产，或是和环境相关主题，还有土地管理主题，扎根到具体的经验和亲身经历中。这些换角度教学的探索课程的巨大价值是让孩子们面对经过预先研究过的新环境，以便引导孩子们在他们所探索的现实和他们所学所掌握的知识之间建立起联系。最后，这一体验还需要多学科的工作，以促进智力的开发。形成一个从学习

> 成绩到收获的积极转变。奇特的是，通过探索课程学生们变得能够接受学校提供的教学了。
>
> 2004年，受总理之任命，
>
> 代表贝阿特丽斯·帕维（Béatrice Pavy）
>
> 撰写的报告节选

他们做到了，是可行的！

高中一年级班级中关于水资源的普通高中个人管理工作

朱利安·威特默·德·沙洛勒高中（Julien Wittmer de Charolles）（索恩－卢瓦尔省）以可持续性发展环境教育为目的，为高中一年级的学生选择了以当地“阿尔孔斯河”案例引出对淡水资源管理的主题。该河流的健康状况已根据实地考察期间采集的水和野生动物样本进行了评估。这些信息已经通过多学科工作加以完善（地理、历史、经济和社会科学），以便通过对淡水的保护管理的实例，在全球范围内重新实施当地研究，并且引发更具普适性的关于可持续性发展的思考。

生态动物行为学科学工作坊

阿尔贡大区阿登省的市镇委员会生态动物行为研究培训中心（2C2A-CERFE），面向学校传播科学知识。每年，初中一年级和二年级[1]的班级都会和位于布欧布瓦研究学院的大学生研究员们一起工作。在科学工作坊进行期间，学生们通过正在进行的科学研究来学习实验方法，并了解研究员们使用的技术。所涉及的主题包括动物交流、社会行为、物种和栖息地的保护、性行为……

当学校都参与进来！

小学校，大改变！

卡卡奥［法属地圭亚那（Cacao）］的野外垃圾场带领“柠檬树”公立学校学习参观的主题是“垃圾”。参观过程中，学生们戴好手套和口罩来分类垃圾。“我们污染了这么多吗？”这是他们的第一个问题。他们自己意识到保护自然的急迫性。同年，垃圾场得到了翻新。这是在学生和市政府之间团结一致的很好的例子。如今，垃圾回收服务在村子里定期进行。他们的父母，90% 都是农业从业者，被强烈鼓励使用食堂的肥料槽，但是他们的参与率仍旧很低。事实情况是一旦从施肥堆平台产出，学生们和他们的陪同每人会收到 25 千克的肥料！但这个地点鲜为人知，这就需要信息的传播了。分类垃圾箱被放置在学校里（纸，电池……）。学生们会定期计算垃

---

① 初中一年级和二年级：11 岁、12 岁的学生，法国小学学制五年，初中四年。（译者注）

圾生产量。选择分类的意义在于可以在图表中显示出来！他们还生产了再生纸。海报、壁画还有他们设计的图腾都在学校里展出。我欣赏他们的作品，并且我意识到这个项目他们会铭记在心。我非常高兴可以尽我的一份力，而且我很高兴得知生态学校项目在附近的卢拉镇启动。我们希望其他的城市也跟上来！

丹尼斯·雷内－科雷尔（Denis René-Corail），

卢拉市政府环境市政代表（法属地圭亚那）。

欧洲环境教育基金会法国办公室出版，生态学校公文第 3 条

在食堂和在咖啡茶歇室

为了达到工作目标“了解食品的组织、来源、在学校的流转，以及为减少食堂垃圾而行动起来”，阿尔贝·加缪高中的相关人员咨询了学校的工作人员（后勤处、仓库管理员、厨师）并在网络上做了调查，尤其查看了学校主要供应商的网站（产趣和波诺马）。调查研究之后，他们提出了以下行动建议：

▲有些学校已经采取这样的措施，回收没有开封的水果和其他产品（酸奶和奶酪），将它们放在比如传送带（放餐盘的地方）一边的两个回收箱里。如果卫生标准不允许这样做，那需要让学生们意识到可以分享没有吃完的食物，而不

是扔掉。

▲每周都注重饮食营养。

▲将食堂的开放时间加长，从11点到14点，为那些上课时间和食堂开放时间相冲突的学生提供方便。

▲在咖啡茶歇室，需要区分：普通垃圾桶和用来装金属易拉罐的垃圾桶。

▲在咖啡茶歇室使用可清洗餐具以便减少垃圾的量。

▲发展有机产品和当地产品，其中包括在咖啡茶歇室中使用的产品。

尼姆阿尔贝·加缪高中学期21世纪议程节选

他们做到了，是可行的！

和学校保持一致

该学校项目叫作："迈向21世纪议程"。每一年，都会成立监察委员会（儿童和家长、民选代表、协会行动者）。水资源、垃圾、生活环境管理和国际团结等主题都由儿童来着手落实。

整个项目的一致性在于每年在这些主题之间建立联系。与水资源相关工作形成了管理体系：水龙头、马桶冲水……第二年，我们的项目"生活环境的管理"就是和校园翻修的市政项目有关的。这些可以使我们想象、构思并落成一个由不同的空间组成的花园：蔬菜、红色浆果、鲜花、芳香物、温室果园、水塘、昆虫观察箱、孵笼和食槽。一致性是通过滴灌系统和雨水收集装置的安装来体现的。

开发此类项目能够了解世界和土地：通过已经着手的主题，由学生、家长、合作伙伴共同参与。

这涉及要赋予学习意义，推动工作方法，在实地的提问和观察，实验，团队工作，所有这些都充实着教学。

这同时也是在教学、系统、跨学科的分析中，开发一种更加平衡的思维方式的机会。提高地区内学校的价值：共和国的，思想解放的和非宗教的学校，在这一层面上来应对可持续性发展的问题！

菲利普·拉巴特尔（Philippe Rabatel），卡尔伯（81）学校校长。

《绿墨水》，第 47 期，49 页

在大众普及教育的环境框架中行动

如今，在青少年和大众普及教育领域，有超过 43 万大众普及教育协会（占法国协会总数的 49%），超过 600 万的志愿者，积累了 180 亿欧元的预算，相当于国内生产总值的 1.4% 和将近 68 万的就业岗位（约等于 33 万全职工作岗位）。这是一个丰满的并且人性化的现实，沉浸在历史中，并以强大的价值观为动力，被用在许多运动中，他们没有止步于对大众普及教育的单一定义，而是共同研究由所有人参与并且为了所有人的教育。大众普及教育并不是环境教育单独的分支。相反，环境教育的趋势和大部分的环境教育项目是在大众普及教育中的，而且体现了大众普及教育。

（教育是全球化的，是一个全世界的概念，并且是一项社会项目。这些不得不考虑到世界的演变。）

所有人参与并且为所有人提供的教育

以历史为标志的运动

大多数大众普及教育行动者都同意将其起源追溯到革命时期，尤其是孔多塞侯爵的贡献。自 19 世纪末期以来，教育的历史由几大阶段来标记：非教会学校、公立学校和义务教育的创立；教学联盟的创立；以发展宣传协会为目的的 1901 法；教会与国家的分离；人民阵线；世界大战；全国抵抗委员会；五月风暴。

以实践多样性为基础的身份定义

大众普及教育暂没有即有定义。大众普及教育首先是通过多种实践和项目来实现的理念。青少年参与的空间，参与性民主的推动者，教育项目的承接者，当地发展的动力，职业培养学校，专业培训机构，社会转型媒介：正是基于这种多样性，构成了青少年和大众普及教育协会的身份与丰富性。

大众普及教育运动主要涉及三个方面：

▲他们从个人解放角度出发，以优先考虑所有人参与并且服务于所有人的知识相互交流为行动原则；

▲他们在协会项目大框架下进行行动，并且为协会生活的建设与发展做出贡献；

▲他们体现了“第三条道路（新中间路线）”的存在，协会世界（在商业部门和公众环境之间）就存在于其中，并且提出比如所有经济活动都先于社会项目的规则。

社会问题

青少年和大众普及教育运动在共同的抱负和项目的培育下，对建立在跨越社会的主要挑战和问题做出贡献。如何为实现民主理想而努力？如何让所有人一生中都可以接受教育和文化的熏陶？青少年参与什么样的城市生活？如何发展社会一致性并且共同生活在一起？如何促进在所有领土上的可持续性发展？这些问题的现实性和规模有力说明了我们协会对发展包容性、团结和负有责任的社会发展起着决定性作用。

埃尔维·普雷沃斯特（Hervé Prévost），

全国教育、社会和文化机构与活动联盟（Francas）

法国可持续性发展环境教育团体（CFEEDD）成员大众普及教育团体

团体	公认理念
活动教育方法培训中心（CEMEA）	从事围绕新式教育和积极教育方式价值与理念实践的人们的团体，旨在通过让个人行动起来来改变环境和机构。
全国农村联合会(FNFR)	农村联合会是长期的，公民的大众普及教育协会。他们致力于乡村范围的文化、社会、经济的活跃与发展。

续表

团体	公认理念
法国童子军（EEDF）	非宗教团体，它激发并鼓励童子军教育提案：通过团体生活和通过行动、游戏等行为进行的教育，来体验责任，并且引导儿童和他人的关系。
儿童公众教育联盟（PEP）	如今的儿童公众教育联盟面向所有人（儿童，青少年和成年人），旨在让他们有接受教育、文化、健康、娱乐、工作和社会生活的权利与途径。
全国教育、社会和文化机构与活动联盟（Francas）	以休闲中心作为基石的面向儿童和青少年的当地教育行动推动者。
法国教学联盟	让所有人都可以接受教育和文化，目的是充分行使其公民身份，建立可持续发展的，更加公平自由团结的社会。
法国童子军和向导（SGDF）	天主教童子军团体，给年幼的孩子们提供一个生活空间，满足他们的梦想、行动、成功完成他们自己的项目、集体生活、给予生活意义的需求。

参与者

青少年和大众普及教育协会国家和国际关系委员会（CNAJEP）

有超过70家青少年和大众普及教育全国团体如今都汇集在青少年和大众普及教育协会国家和国际关系委员会（CNAJEP）中，通过大区的协调网络以辖区范围轮换。如今在不同大区、国家、欧洲和国际的中心点，它充分地使用区域转变方式开展工作。分散权利、欧洲结构、全球化：它经历如此多的过程，在这些过程中它会带来深入的思考。

大众普及教育

——具有政治和社会视角的环境教育角色

对于大众普及教育的参与者来说，环境教育融入全球教育项目中，旨在摆脱束缚、追求自主和让尽可能多的公民接受教育。对于这些面向大众的活动（文化活动，体育活动……），环境问题是项目的核心。因为事实上，教育需要被理解为所有影响的总和（自主或不自主的），即个体的影响，或是个体对周遭环境的影响，两者相结合，从思维方式到行动落实，致力于创造与个性的发展。

历史的实践

从最初的开发能力活动到最近或是之后的安排（教学联盟的教育规划“公民身份—环境—可持续性发展”，法国童子军的蒂姆巴里（Dimbali）行动，全国教育、社会和文化机构与活动联盟生态中心……），大众普及教育运动团体总是带来环境探索、教育和培训的活动：环境研究、最早的自然露营、休闲度假中心活动辅导员工作执照（BAFA）技能，大众普及教育技术活动组织者国家执照（BEATEP）环境培训……尽管在行为目的方面仍然存在着差异，但教学方法和教学目的都非常相似，毫无疑问说明大众普及教育对现今的环境教育有着非常多的启发。

旨在培养跨学科意识

在大众普及教育中，环境研究方法很多仍旧是基于教育实践上的。然而，该论点、该社会问题必须找准他们的定位，并且更广泛地参与到由大众普及教育协会项目所涉及的政治和社会范畴中。毫无疑问，自此工作就在运动团体中展开：提高环境问题的重要性，这些问题在儿童和青少年的接待机构中、在所有的活动中、在每天的行为和管理中……以严密的跨学科的方式变化着。这些都与儿童、团队、家长、选民代表……他们自身的改变和发展联系起来。

教育是全球性的，服务于一个世界观念和一种社会计划。意识到世界的发展是必要的。事实上，如今的大众普及教育正在关注环境和可持续性发展问题，而且同意没有环境教育就没有可持续性发展的概念。

埃尔维·普雷沃斯特（Hervé Prévost），

全国教育、社会和文化机构与活动联盟（Francas）

他们做到了，是可行的！

生态行为，由孩子们设想的环境游戏

在布列塔尼的机构里，儿童被邀请来构想并实施一个关于环境的游戏。并在六月初的时候，在为期一天的节日里将它

向大家呈现。每年都会选定一个广义的主题，这样可以引导中心项目的内容，使孩子们能够探索周围环境中不同的方面：水资源、能源、植物、小动物、鸟类和树木，是真正的实地教育。通过实地教育：根据当年的主题，出行的重点在于对中心周围和儿童日常环境的探索。这是观察日常习惯的另一种方法。这同时也是为了实地的教育：孩子们成为他们自己的环境的参与者。最后，这些项目也和社区政策有关系。

探索环境是集体接待未成年人的教育目的

瓦勒德瓦兹省教学联盟的休闲和度假中心将儿童和青少年组织起来，一同去体验并参与到游戏、体育、文化还有艺术活动中去。在多样的社会背景下，休闲中心向所有人开放。秉承着明确的教育目的，该教育项目由教学联盟发起，由受过专门培训的活动组织团队来执行。自然环境、社会、文化和地理的探索都是其中的一部分。

考虑全世界

共享花园，大众普及教育空间

参与共享花园的建造通常会让居民意识到自己作为公民的角色。一旦他们敢于说话、表达观点、立场坚定、对自己自信，之后他们自然而然就会成为社会行动的参与者。那些参与了波尔多社会融入花园项目协商会议的人可以证明这一点。“是公民的学习，你好地球协会的弗兰克确认道。决策是集体的，并且是在共识和妥协的基础上决定的。是居民们来决定土地的面积，决定分摊费用的数额，活动的计划和运行的规则。”

共享花园作品节选
《乌托邦，生态，实践建议》
劳伦斯·鲍德莱（Laurence Baudelet），
弗蕾德莉克·巴塞特（Frédérique Basset），
爱丽丝·勒·罗伊（Alice Le Roy）
有活力的地球出版社，2008，85 页

理性旅行

绿色旅行、生态旅行、农业旅行、自然旅行……在这些方式背后，人们不会给出相同的概念，也不会有同样的价值。但是可以确定的是，他们都处在同一个现实中：在一个休闲的社会，一些公民寻求有效的并且人性化的方式来管理他们的空闲时间，而其他公民，环境教育者和另类旅行者正在有意识地用人性化的方式接待他们！

所谓的大众旅游创造了就业机会，但付出了很高的代价。如今我们清楚地知道，在很多地区，它对人们和环境都产生了破坏性影响。在全世界范围内，旅游业还远不能解决比如温室效应或是社会方面的巨大挑战及全球问题，反而加剧了这些挑战和问题。总体来说，我们意识到一个更加理性、更加可持续性和更加团结一致的旅游业是非常必要的。而且我能够区分这种既能够服务于环境、又完全清除了社会问题的生态旅游。

让－克劳德·迈拉尔（Jean-Claude Mairal），
《多重世界》特刊第7期。
《寻找有意义的旅行》

欧洲可持续性旅游业宪章

该项章程是由欧洲保护区代表、旅游部门及其合作伙伴组成的团队共同拟定。目的是通过协调旅游提供环境保护的可能性，实施环保旅行来应对保护区域的挑战。它明确指出："环境教育和遗产保护是地区旅游政策中的优先事项。在该背景下，和遗产与环境相关的活动与设施将会提供给参观者、当地居民，尤其是提供给青少年参观者和学校的受众。保护区还将协助旅游经营者为其活动开发教学内容。"

塞文山脉的旅游供应商的陪同以及旅行者的意识

塞文山脉的国家公园已经将协助《欧洲可持续旅游业宪章》旅游供应商的任务委托给塞文山脉生态旅游协会。塞文山脉生态旅行为他们的成员组织了和旅游机构的环境管理主题相关的集体培训。开始着手实施真正的生态举措和可行的解决方法，比如能源和水的节约、垃圾的管理、理性的消费……是特别必要的。塞文山脉生态旅游云集了75个供应商，他们每年要接待数以万计的旅游者。在这些供应商提供的服务之外，塞文山脉生态旅游业为游客设计了一些启蒙工具，比如自然小册子、提醒日常环保行为的图片或是教学双肩包。

团结旅游，南方北方都一样

只要秉承着团结的精神，并不需要到达世界的尽头来见识新的地方，认识那里居住的男人女人。[……] 团结旅行，虽然是在南方建立起来的，也可以在北方起到教学作用。我们的塞文项目就参与到了这一行动中。他们在那里所做的启发了我们，我们结识了当地的行动者，还结识了所有那些希望巩固和分享与当地有关以及和生活选择相关的项目承接者。我们共同建立了一个短期居住项目，拒绝一成不变的标准化，加入了丰富的活动，比如风景的欣赏、烹饪、畜牧以及当地历史中心的开心下午茶。旅游业成为和居民共同分享的项目，是他们主动选择的而不是被动忍受的，是公平收入的来源，[……] 在北方和南方一样，被管理的旅游业是拒绝消费主义破坏者的。

德尔芬娜·温克（Delphine Vinck）

《交替世界》（Altermondes）特刊第七期。《旅游寻找意义》

定义项目的结局、目的和总目标

结局、目的、目标……个中概念并不总是简单可以定义的。从更广泛到更精确，从社会目标到短期精准结果的期待，从梦想到有形现实，环境教育者对于每个结束的定义和定性都是非常重要的。为了教育活动针对的人群，为了共同完成项目的合作伙伴，还为了行动地区，明确结局、目的和目标的工作是非常重要的。同时对于项目承担者和教育团队也是非常重要的，因为在教育实践中没有什么是中立的，因为结局和目标是和教育者绑定的，还因为我们触及到每个人的职业身份。

（结局构成项目的总体思路。它和社会的价值相关，提供定向的线路、意义、总体的意图。）

明确概念，使计划正规化

结局、目的、目标……在展开一项教育活动内容之前，明确那些能够使想法更清晰的概念是非常有用的。但是要注意：要将这些概念视为动态的。教学理论者和实践者们实际上似乎并不总是同意，而且这些概念有可能会因人而异，并且还会随着时间的推移而变化！

结局——长期行为、梦想、社会、星球

回答了“我的结构，我的行为一般有什么作用？”这一问题。这是人们希望的价值和原则。一个结局包括项目的总体理念。它提供了主导路线、意义和社会价值相关的总体意图；是想法和欲望的范畴；是长期性的，没有一个确定的截止日期。结局和现实并不对立。我们朝这个结局去努力，但我们从未达到。

举例：增强人类面对现实的环境问题时的责任心

推动参与者的自主性

目的——中期行为、意愿、教育者、领土

回答了“我要做什么？我想要达到什么？”这一问题。这些意图以整体的方式来叙述，通过明确的行动来追求。“目的”的概念是给事情一个可能的期限。目的意味着想法和愿望需要面对现实。

举例：降低机构里垃圾的数量

使年轻人找到工作

一般目标——短期行为、期待的结果、人、日常

回答了“我们想要什么和我们能做什么?”或是为了所谓的教学目标“参与者要做什么，他们会带来什么?”的问题。这个概念陈述了一个预期的结果，不再仅仅是研究和描述变化，而是为了实现既定目标我们想要获得的变化。这是短期的愿望。

举例：让受众了解我们消费的影响

在工作中必备的工具和技术的使用

官方文献

环境教育的目的

环境教育的目的是“带领个人与集体了解由生物、物理、社会、经济和文化活动的参与导致的自然环境和人文环境的复杂性”。

环境教育目的还在于“获得知识、价值、行为准则和必要的实践能力，以理性和有效率的方式来预防和解决环境问题，以及对环境质量的管理”。

第比利斯大会文件，教科文组织，1977

考虑全世界

知识的盲目性

值得注意的是，旨在传播知识的教育对人类的知识、手段、弱点、困难、对错误和对梦想的倾向都是盲目的，并且对已知的东西完全不再关心。

埃德加 · 莫林（Edgar Morin），未来教育必知七点。

瑟尔出版社。2000

他们考虑环境教育

环境教育的目标

学校自然网络对环境教育项目定了以下几个目标（学校自然网络基本准则）。

个人和集体生活水平提高的目标	环境教育有助于培养宁静、充实、解放、灵活的个体，他们接受差异并且知道在交流中建造。
行为的目标	教育需要同样帮助个人获得新的姿态，尤其是对自己、环境、社会和他人……的尊重，从而形成可持续性发展的动力。
方法论的目标	这一目标涉及获取多样的研究方法，来培养观察、了解、思考、想象和具有创造力、清醒的头脑、责任感以及批判精神的行动能力。
概念的目标	对现象和系统的客观了解仍然是对环境问题良好理解的必要支持，尤其是对决策和行动起到帮助。但是，比起其他举措，我们更要意识到将陈述事实概念知识的贡献与方法行为目标联系起来的重要性。

挑战和观点

与环境教育挑战相联系

环境教育是以对每个人需求的理解以及对平衡与参与概念的尊重为基础，这包含了多层范畴：从森林边缘的昆虫，到城市垃圾的分类处理。环境教育要培养的是尊重生命的人，负责任的公民，有决定能力的人。为了达到这个目标，需要使用专门的宣传形式来使人意识到环境问题。那么结局、目的和目标必然和环境教育重大挑战相联系，它们关系到人类的进步、自然、生物多样性、自然资源和能源、气候、遗产、消费和参与。

环境，教育与教学

露西·索维（Lucie Sauvé）在其著作《和环境相关的教育》中从三个角度介绍了环境教育的结果、目的和目标。

从环境角度来看，环境教育（ERE）旨在保护、修复和提高环境质量，是生活和生活质量的载体。在目的方面，它旨在为公民提供问题解决方案和经验丰富的生态管理知识与意愿，重点关注人类和其他生命形式的可持续性发展与可行的合作发展。

从教育角度来看，它通过人与环境的关系来推动个人与社会群体的最佳发展。在目的方面，环境教育促进培养认知、情感、社会和道德层面支持的发展，帮助优化人与人之间的关系网络—社会—环境，同时对可维持的和谐社会发展做贡献。

从教学角度来看，环境教育想要致力于推动一个更加适应当今世界现实和当代社会需求的教育，包括社会转型本身。在目的方面，它希望通过实施与创造性教学范例相结合的教学实践来完善学习培训的条件。

考虑全世界

给世界留下什么样的孩子?

如果不共同思考如何迎接孩子进入到一个尽可能最团结、最人性化的世界中，那么在这样的世界中，教育是什么？一个双重问题困扰着我。我们将要给孩子留下一个什么样的世界，同时我们将要给这个世界留下什么样的孩子？我们要给世界留下什么样的孩子才有能力为世界做出其他事情，而不是像我们以前只会掠夺?

菲利普 · 梅勒（Philippe Meirieu），

以可持续性发展为目的的环境教育第二次全国会议，

发言节选。卡昂，2009 年 10 月 29 日

环境教育的三种倾向与其结局

倾向	知识特点	整体 教育结局	环境教育导向
"积极"倾向	除了理解的人之外，还存在客观事实。	根据预先的标准和模式培养人类行为。	▲强调环境知识，可以作为一个职业的开始 ▲实施实验性的科学方法 ▲根据预先模式调整公民行为
"构成主义"倾向（或是相对主义，或是解释的）	现实只存在理解它的人身上。因此存在多种现实。	推广个人的经验，目的是每一个人单独重建他们的知识。	▲强调个人的发展 ▲意识到存在所有的观点 ▲为生活准备（相对于工作来说） ▲致力于每个人与环境的关系
"社会批判"倾向	有一个客观的现实，但它是根据社会和历史现实转变的。	改变社会现实来发展个人和团体的参与。	▲强调激发批判思考的教育过程 ▲在社会中"针对"环境采取恰当的和集体的行动的承诺。

由扬尼克·布鲁塞尔（Yannick Bruxelle）。
《我们的实践不存在中立》节选，
普瓦图—夏朗德大区自然环境活动和
启蒙教育团体（GRAINE）文书，
第13期，第8页，2000年10月

生态公民责任感和生态公民身份

生态公民责任感和生态公民身份，这些新的词汇只出现在一些主题字典和合作字典以及专业文章中。比如对可持续发展一类概念的查阅。当很多人从来没有说过这些词，到开始不停地提问、分析、权衡、对照其他概念、和其他不同的环境教育方式相融合的时候，一些行动者已经将“从一个词发展到另一个词”，“一个词为了另一个词”，“一个词或另一个词”用他们自己的常用词汇和语言归纳起来了。

生态公民身份是一种象征（一、形象化的行为），是提出问题的对象，比如可持续性发展。我们可以理顺这个概念（二、概念化的行为）：公民是一个隶属于国家的存在个体，是依存于法律的。生态公民身份意味着公民身份这一单独术语并无法将全部内容考虑在内。这是一种在地球上人类个体的组织形式。生态公民身份，是身份变化的征兆，表示该公民身份比如个人隶属于某一领土的关系就不再适用了（三、制度化和认证的行为）。生态公民，是在国际协议中产生的个人身份，这些协议质疑我们作为工业国家的人们的身份……

由卢瓦河谷社会应用研究学习中心负责人安德雷·米库（André Micoud），在2007年3月30日由学校自然网络组织的以“公民生态：教育为了进入日常？”为主题的思考日提出。

公民责任感与公民身份的地位有关。它以民法、公民教育，公民意义，甚至是公民责任与义务的意义为参考。在环境方面，我们讲生态公民责任感。生态公民质疑人们的公民层面。它鼓励将环境问题纳入公民生活的不同方面。生态公民责任感是指公众生活和其重叠的私人生活的方面。“公民生态责任感以环境道德规范为基础，表现为有社会价值的行为。”（维勒曼，2002）。虽然生态公民责任更多地提到个人的权利和义务，并且首先在地方级别被实施，公民生态身份则要更深入地思考公民身份的概念（从地方范围到全球范围）。生态公民身份倡导共同负责并建立民主实践以优化社会团体和环境的关系。那么，公民生态责任是指由社会道德所引起的行为，生态公民身份则是以基本价值为基础：基本价值对应来自社会和环境现实背景下的批判性思考的道德选择。它们鼓励有意识的、自由的和负责任的引导。生态公民责任必须从生态公民身份中汲取灵感，赋予它更加丰富的含义和道德范围。

露西·索维（Lucie Sauvé）和
卡琳·维勒曼（Carine Villemagne）撰写文章节选（2006）
《作为生活项目和社会“营地”的环境道德规范：培训挑战》。
穿越的道路，第 2 期，冬至，19—33 页

生态公民身份必须建立在个人和集体，自由和从属，自主和依附的界限之间。在纷繁的人与事中做自己，保持自己的意识！

《交替学习》节选

（多米尼克·科特罗（Dominique Cottereau）联合撰写）

学校自然网络编辑。1997

与所有其他地方一样，在阿基坦大区，最大的挑战是让我们的生活方式适应为保护地球所做的抗争带来的挑战，因为这并不仅仅涉及可持续性发展，而是关于拯救地球。与时间的赛跑已经开始了。在采取行动变得如此重要，如此紧急的时候，每个人都要自问：这场较量将如何改变我的生活，我将会失去我的舒适，我的习惯，我的劳动成果吗？

但同时：为什么是我？我可以自己做什么？企业在做什么？政府在做什么？如果发生了什么是我的错吗？

我们应该，所有人和每个人，走上生态公民身份的道路。

阿基坦大区委员会公民表达网站节选

生态公民责任和我们每个人都息息相关。这个概念意味着我们每一个人尽自己所能，尽可能保护我们的环境并且让地球成为一个更加适宜生活的地方。如果我们的星球要存活下去，我们中每个人都要尽所能了解如何保护我们的环境。成为一个生态公民意味着个人要去更加了解环境，并且在该领域采取负责任的行动计划。

加拿大环境部网站内容节选

在时间和空间中加入自己的项目

“项目 projet”，“规划 projeter”，这两个词中的词根 pro-来自拉丁语的 porro，在空间和时间概念中都有“向前，在远处”之意。因此，这一语义促使项目的承办人在时间和空间里融汇他的项目。对他来说，首先，通过文字和图像来形象化，白纸黑字如果需要的话还可以是彩色的，他在行动中进行的不同阶段来使项目有血有肉。然后，对于那些和项目相关的人和教育行为的参与者，使他们也能感受到预测、行动、教育、环境的空间与时间的范围。在脑中拍摄动作电影，布景，要考虑到空间和时间。在自然空间和辖区空间加入行为活动。给自己一些时间，并且让参与者慢慢按自己的节奏行动……

（一步一步地前行，是发现巨大财富的保障。出行方式本身就是了解不同环境的机会。）

持续性和地点

参与的时间

▲短期活动：这种情况，最好预估一个短时间的路程并且降低目标，以确保可以完成。一场结合了不同研究方式的活动会更受欢迎，因为它尊重参与者的多样性。这更是一个对环境意识的提高，一个给每个人都带来一段愉悦时光的活动，一切都不是那么简单。介入的时间越是短，项目活动越是要细致地准备。

▲长期活动：建立项目教学法成为可能。到实地的往返是可以实现的，一个现实的环境行动可以和所有参与者一同完成。这种情况下，干预就变分散了（每周一次或者每个月的一次周末）那些参与者就有机会掌握并且加深对概念的理解。

地点的选择

▲当地、在社区、学校旁边、假期中心附近的活动，显然是最容易进行的。这不会产生任何交通费用，并且提供给参与者从其他角度深入了解自己日常环境的机会。所以，预期的行动可以直接参与到他们的生活环境中，比如治理、会议、提议等。

▲近距离参与活动（几公里）。这样的活动需要有机动车辆去往目的地，需要组织，需要做预算，但是具有新的吸引

力。热情唤起了对主题、环境和所选择的地点的好奇心。一次预期的探索旅程要避免为了出行得太多无关紧要的方面，如信息、展览、分享、对比。

▲移居活动，牵扯到住宿，这会有一定的费用。更换环境的不习惯肯定会发生，而且可能是对行为目的、团体生活、食品、节奏等的工作的不适应期。

▲巡回的活动。实现起来最为困难的，但又是极为有趣的。一步一步地前行，是发现巨大财富的保障。出行方式本身就是了解不同环境的机会：步行、自行车、独木舟……在任何情况下，实地的初步考察都是必不可少的。

计划项目

冈特（Gantt）（以发明者的名字命名）类型的图表可以简洁地呈现一个项目的进程，而且充分预计哪些事情需要想，那些事情需要做。

▲将项目按安排分解为必须做的任务，将这些任务按顺序排列置于纵坐标；

▲在横坐标上标明时间（年、月、星期、日甚至小时）；

▲将这些工作放到时间轴上并用不同颜色标出；

▲看一下哪些可以同时做；

▲将这些工作共享给数个参与者（代表团、合作方、潜在参与者）。

	1月9日	2月9日	3月9日	4月9日	5月9日	6月9日	7月9日	8月9日	9月9日
和旅游局合作的项目的大纲									
做预算并寻找赞助									
自然出行推广									
活动长期评估									
活动程序的精细构思									
每周自然出行的落实									
活动价值的提升（在旅游局的展览，媒体）									

将教学项目分解为若干任务的事例：做出判断，需求清单和期待清单；征求潜在合作伙伴的意见，并且和他们一起确定项目的重点问题；选择一个受众，一个主题；在教育大纲中定位；定义教学目标；选择要传播的信息；发展必需的资源，定义要实施的方法；选择教育活动；筹集必要的资金来资助该行动；通过媒体等向参与者宣传……管理报名／计

划参与内容；实施教育活动。

评估项目。向大众宣传和推广项目成果（媒体、展览、放映……）；向赞助者和合作方提供活动总结。

赞助项目[1]

环境教育本身并不追求在资金上获得回报，活动和项目只在极少情况下有金钱的获益。环境教育就像普通教育，还是倾向于面对大众服务项目的领域，并且主要资金来自公共补贴。但是，这些资金远远不够完整地支持项目和活动，它们的花费仍旧有很大一部分被投资者和大众低估了：环境教育的行动者也被鼓励资金参与，尤其是提高他们自己的资源，其他的资金资助（来自大众或企业或基金会）来补充。不管是身负责任还是自主地，环境教育的参与者正在寻找替代但通常都是有限的解决方法。教师和他们的班级开发了一些能在资金上支撑他们短期住宿和进行学期出行的方法（卖小点心、乐透）。环境教育协会正在越来越多地获得管理和筹款能力。

---

① 出于整体利益考虑，环境教育可以依靠公共补贴。但是，为了达到良好的管理，它必须确保在已有资金和私人与公众资助资源之间的平衡。

公众赞助，民间资助

公共赞助

环境教育项目，因其跨学科性，按照现有资金支持的标准程序可以成为各种公共资金的赞助对象。很多公共机构，即使没有经常提供标准的资助形式，但是偶尔可以在技术或者其他方面，对与他们能力技术相关主题的项目给予帮助。其中包括：

▲大区、省、市镇、跨市镇、工会。

▲依赖于大区委员会，并更具体地涉及环境行动的机构（例如：大区环境天文站）。

▲在全国、大区自然公园、农村经济发展行动之间的联系（Leader）认证区域（面向乡村地区的欧洲计划）范围内的项目，如果意愿在当地政策中融入项目或者和该政策相关的项目。

▲国家在大区的机构：大区环境治理和居住管理处（DREAL），大区青少年体育管理处（DRJS），大区研究和技术代表处（DRRT），大区农业和林业代表处（DRAF），大区文化事务管理处（DRAC），大学校长和学院审查机构。

▲环境与能源管理所（ADEME）。水资源机构，致力于和水资源相关、在潮湿地区以及在湿地地区的项目。

▲所有法国部委，都在集结其选区代表。卫生、青少年和体育部计划希望通过两个项目（青少年项目和青少年挑战）来行动，致力于发展由 11 岁到 30 岁的年轻人发起的项目。

▲欧洲，国际项目或是在优先的地区进行。

民间资助

企业可能会对环境教育项目给予资金帮助。项目的宣传通常是最容易融资的方面，但实际上越来越多的公司通过他们的赞助行为同样也参与了活动本身的筹资，尤其是对于具有社会身份的企业或者该企业正朝着可持续发展的方向努力。“绿色清洗”的现象（通过环境宣传来给企业行为披上绿色外衣）不应该妨碍发展赞助合作伙伴关系。项目承接者希望和企业保持清晰明确的关系，并且要定期评估。除了单纯的资金赞助合作之外，它最终可以带来其他的合作伙伴关系。私人基金会和企业基金会，其资金通常直接产生商业利益回报，他们也可以向教育项目提供支持。

赞助环境项目或者环境教育项目的基金会

基金会	赞助项目举例
法国基金会	为环境而行动：项目旨在推动公民进行，以能够超越简单的意识，例如支持至今还未得到长足发展的协会和公民团体。
法国电力公司基金会	在保护和教育方面，对脆弱物种、知名或是不知名物种，以及敏感地区，都要给予同样多的关注。和鸟类保护联盟（LPO）、法国自然保护区（RNF）、沿海区域的学院等有合作关系……
共同基金会	大学的能源管理、有机食堂、学校的水资源合理管理、环境教育、生态园艺、船帆回收……都是在该基金会的资助下进行。
自然与探索（Nature & Découvertes）基金会	自然意识、环境教育、自然保护的协会项目，项目招募（比如：湿地、昆虫、生物多样性）。
尼古拉·于罗（Nicolas Hulot）基金会	旨在动员更多社会行动者的协会项目，鼓动他们承担他们的责任并且加入到可行的和团结的生态社会建设中。
伊夫·黎雪基金会	保护自然、团结和环境教育的当地或全球活动，在全世界50多个国家开展。
威立雅环境基金会	对自然资源的保护、环境教育、生态公民行为意识，反对气候变化的行动。
法国天然气基金会	修复徒步道路和小路的行动，致力于保护、创造和提高美丽花园的价值（生物多样性，教学……）。
阿尔斯通基金会	着眼于环境保护的培训或者提高大众意识的行动。

交流并提升活动价值

"Communication（传播交流）",《小罗贝尔》法语词典对其释义"通过符号、信号的方式，在发送者主体和接收者主体之间信息的传送或是交换"。传播交流被用在教学活动中：活动辅导员和团队之间的交流，老师和学生之间的交流……以及学生与参与者他们之间的交流！交流可以在教学团队中、项目团体中（内部交流）实施，也可以和外部参与者交流沟通。通过交流行为，我们想要将准确的信息传播出去，但同时也结成一段长期关系或者建立长期对话，比如和媒体、和转播站或者和当地机构。传播交流可以将机构、学校和项目的身份凸显出来。企业、国家部门和当地团体希望通过机构的宣传、杂志和网络的宣传，让他们的客户、居民与合作伙伴了解他们的活动与章程。对于环境教育项目的承接者，超过机构的利益，传播交流，通过和参与者协作，提高成果并在地区内引起更广泛的影响来推动教育行为。

（虽然他们丰富了交流、汇集和促进环境教育行为的方式，但是信息工具无法取代实地本身。）

宣传交流的三个范畴

实用交流宣传

这一部分涉及项目的长期参与者：合作伙伴、具体操作者、受众。电子邮件、内部网站、电话、会议、非正式会议、资源管理、海报板是基本的工具。这一宣传交流必须要尽可能地流畅和规律，并贯穿项目始终。

对内宣传交流

对内宣传交流旨在宣传机构中由不同合作伙伴代理的项目。合作伙伴在他们机构内部的团队会议中，定期的信息分享中，口头的信息传播效果非常明显。

对外宣传交流

对外宣传交流旨在通过大范围转播、大众和媒体来推广项目。项目的官方发布包括酒会、展览、新闻稿、媒体资料甚至媒体文章的准备、要点总结手册、十几分钟的视频呈现……宣传物料的清单并没有就此结束，并还在继续丰富和补充，有时候项目负责人会有非常有创意的想法。对外宣传方案还通过活动的举办、公开日、节日、展销会、表演或是研讨会的参与和环境教育会议以及当地见面会来完善，如科技展（青少年参与面向大众介绍科学技术的项目）、协会项目展会、学术审查论坛……

适应与委托

一般情况下，项目的宣传需要和交谈对象契合，迎合他们的期望与关注。有些人对数字感兴趣，有些人专注于教学方面，还有的人则更注重取得的结果。不要将所有方面都一股脑地输出给对接对象，而是要从对方的角度出发，只强调他最感兴趣的内容是非常必要的。

本着尽可能因地制宜，视情况而定的理念，对于针对有影响力的转播者和大众的宣传资料的完成，我们会委托给专门的代理商或者机构（制图工作室、传媒代理公司、项目合作伙伴机构内部宣传部门）。高质量产品的最终呈现方式可以在项目筹备阶段就在合作伙伴团队内部协商，比如以实物捐助代替一部分资金赞助。

通过媒体宣传和提升

媒体类型	举例
专门面向儿童的媒体	小萨拉曼德尔，瓦酷杂志，驯鹿杂志，图像文件杂志，科学和生命探索，初级科学与生命，青少年地理……
面向儿童的新闻媒体	儿童报纸，初级新闻入门，我的日常，我的小日常，青少年世界，时事……
面向成年人的媒体：环境、可持续性发展、农村特性、选择、花园……	萨拉曼德尔，荒野，这个年纪该做什么，生态公民杂志（EKWO），地球经济，绿色花园的四季，乡村杂志，世界交替……
专门面向某个大区，某个领土的媒体	比利牛斯杂志，布列塔尼杂志，阿尔卑斯杂志，巴斯克地区杂志，北方地区杂志，弗朗什—孔泰大区……大区自然公园和国家公园公函和信息公报
面向环境教育者的媒体	绿墨水，环境教育地区网络的杂志与公函，环境教育培训公文（环境教育培训研究学院）
当地媒体	法国蓝色大区，协会广播，其他当地广播，大区法国3台，其他地方电视台，地方网络电视，当地日报……

宣传教育项目的节日

下诺曼底“科技展”在每年的5月举行。这一在草坪上举办的科技节聚集了该大区各个地方来的700到900名年轻人，来展示他们在这一学年制作的科学或技术项目。体验、娱乐、了解……科技展不仅仅是一个简单的展览，相对类似于比赛的活动来说，它更是一个交流的空间。在一整年之中，这个项目给6到20岁的青少年提供实现和展示他们科学技术项目的机会。相对于研究主题来说，科技展更重视过程，鼓励青少年思考世界和他们的日常生活。一个由全国教育代表、当地团体、环境教育和科学媒介协会以及有资质的人士组成的委员会将会在展览中和这些青少年见面，并给予他们赞扬、建议和鼓励。参与者来自小学、初中、高中、大学技术学院和娱乐中心，他们介绍了关于水资源、能源、环境、极地或是实验科学的项目。

科学展览并不只在下诺曼底大区举办。
它由青少年科学文化联合协会团体（CIRASTI）发起
并在二十多个大区举办

连接！

过去的十五年，协会领域，群体网络领域，环境教育领域，还有学校领域就如其他领域一样，都一点点地更符合互联网的可能性和功能性。门户网站、工具网站、博客、聊天、聊天记录、联合工作软件和区域工作软件……所有这些工具都让环境教育受益。虽然它们丰富了传播、汇总和推广环境教育活动的方式，但是这些都无法代替与实地、自然以及人类的直接联系。谨慎的教育者非常注意这些工具的正确使用，而且预防可能出现的偏差，应尤其注意给产生的数据归档。

发送列表

同样也叫作讨论列表，它通过使用特定的电子邮件来给名单上的所有注册用户发送信息。如果我们注册为协会的会员，我们可以使用一个邮件地址来给协会所有会员同时写邮件。也有根据参与者类别设立的名单：协会的所有会员、机构的所有员工、项目团队的成员、班级的所有学生、所有参与过某个培训的实习生、所有参与到教学机构的可持续性发展活动的人员……其他有主题的名单列表：环境教育、昆虫、植物学、分配实地的自然观察……在这些名单列表中，我们可以交流看法、实践信息，整合建议或者资源，相互发送文件来共同工作，让所有人及时了解项目的当下状况。

博客

博客是一个由许多简短的文章（也叫作信息、文章、博文……）按时间顺序和类别逐渐积累起来的网站。这些博文可以由文字、图片、视频、表格……组成。博客，也是一种互动方式，可以让读者对内容进行评论来互动。在法国，有着上百万的注册博客：从记者的博客到学生的博客，再到园丁、厨师、某种类型的音乐发烧友的专栏或是一个正在全球旅行的人的旅行日志……提供博客服务的软件，通常是免费的并且很容易上手，被班级或者青少年团体用来介绍他们教学项目的进程：已落实的计划和户外营地的日常印象及反应，学校庭院里池塘建造的进程，生态学校水资源和能源的消耗记录……

即时通信

英国人称其为聊天（chat），魁北克人叫作键盘聊天（clavardage）。它能通过网络以短信形式，实时传送信息。这种直接并且是书面形式的讨论方式发掘了其教学用途：比如一个学生团队可以远距离和有资源的人，和有联系的学校或是其他国家友好学校的学生交流。

生态传播（Ekotribu），以环境为目的分享我们的项目

生态传播（Ekotribu）是一个网络平台，用于环境教学项目的参与者之间的交流。除了建立主题聊天会议和论坛之外，它还可以让参与者在网站上注册他们自己的项目并且享用在线编辑区域（通过万维网），发布信息广告和简报，或是针对他们提问的主题召集有资源的人。这是一种教学和教育工具，它鼓励青少年之间的实践交流，它使项目更加有价值更加有活力。

项目“工具—网络”

该项目旨在通过使用互联网工具，来发起并陪同合作方的实践。目的是在网络和协作工具运转主题基础上，收集并且提供空闲资源共同资金。

▲监测和传播新闻；

▲培训计划；

▲资源平台，尤其是我们所有培训的内容都可以在网上找到，并拥有创作公用许可证书认证！

▲出版物；

▲活动研究营地；

▲参与会议或讲座；

▲会议组织。

在合作与交流的基础上，该计划面向所有希望参与进来的人。自2004年由特拉植物园（Tela Botanica）协会，联合其他协会以及独立参与者共同发起以来，该项目由“工具—网络”协会来领导，和数个合作伙伴共同协作。

评估行动的意义

评估，是对规划、个人、目标、系统的反省和思考的行为，以了解和/或完善其发展的。评估，是在起始评定和结束评定中建立关系，分析过程来考量从事活动的效率，以及确认既定目标是否达到。

▲评估，是质疑；

▲评估允许重新调整目标；

▲评估可以寻求更有效率的方法；

▲评估可以建立长期工具；

▲评估让我们更加谦逊、虚心，让我们的行动相对化。

（评估，是对项目整体战略提出质疑，并不仅仅是要对投资者负责。）

推广评估

效率和运作

评估环境教育项目，可以是评估其效率，即实现既定目的和目标的能力。还可以是评估运作，根据所使用的资源和实施的方法来衡量结果的完成度。这并不意味着环境教育必须是一项有收益的，需要最大限度减少资源来获取更多回报以产生利润的活动。指导思想更应该是完善运作方式，开展更好的组织形式，来用更低的成本获取相同的结果……把节约的资金再用到其他项目上。

协调和地区

评估环境教育项目，同时也是评估活动的意义，衡量环境教育在机构中和在领土上带来了什么。从这个意义上说，评估也被纳入协调登记册中“质疑一方面是行动，另一方面是建立了注册活动的机构或是章程的价值体系或参考体系之间的关系”（环境教育培训研究中心（IFREE）的第 22 期专题文件，环境教育评估，第 5 页，2006 年 1 月到 5 月）。除去教学方面，环境教育项目还参与到或者试图参与到地区、地区政策、教育设置、学校的环境或者大众普及教育、时间和空间里。评估行动的意义，是评价团队在合作工作中达到与地区、学校或者机构的整体利益相关的目标的能力；是询问项目的整体战略，要让自己了解也要让资助者了解。

越来越多的评估措施

长期以来，综合评估措施是在环境教育项目中比较薄弱的环节。慢慢地，它逐渐成形，并且从此成为学习、活动研究、出版、培训甚至是研讨会和会议之后反馈工作的内容对象。在罗讷—阿尔卑斯大区，大区自然环境活动和启蒙教育团体（GRAINE）提出用他们的社会效用评估来支持协会。大区自然环境活动和启蒙教育团体（GRAINE）中心，阿尔萨斯大区自然与环境启蒙教育协会（ARIENA），还有很多其他的机构也提供侧重评估的培训课程。2009 年，塞纳河—诺曼底水资源管理事务所，在实践者和研究员（教育学、人类学、社会心理学）组成的团队陪同下，带来了一个能够评估其水资源分类教育配置，包括教学方面和具体操作方面的研究。

为评估而提问

谁来评估?	外部评估员？项目或者机构的外来专家（观察者、咨询师、社会学家……），他们提倡更加客观地看待问题。 内部评估员？执行项目的教育者或者教学团队（也包括他们的合作方）。 参与者自己？通过自我评估方式。
为什么要评估?	为了提高教学实践？为了实现一个补贴项目的监管？为了帮助参与者了解他的学习内容和他的改变？为了宣传他的活动？ 为分享一段经验？为试验新的方法?
我们要评估什么?	一段学习期（知识、技术能力、情商个性）？项目的参与者？方案，工具，方法，教育机构?
我们需要什么时候评估?	之前，之中，或者／和教育活动之后？贯穿始终还是只有一次？进行中还是之后?
在什么帮助下来评估?	需要使用什么样的工具？具体的实施方法?
为评估我们需要做什么?	我们给评估是否预留了时间？我们该如何利用评估？和参与者、教育团队、合作伙伴以及人口的总和的评估结果是否需要传播出去?

项目与教学

在广阔的地区里，尽管环境教育项目以不同规模来进行，但它首先针对的是人、地球上的公民和领土上的公民。它赋予了个人投身于教育、陪伴、惊奇、驯服等使命。为了更接近这一触及人类的崇高计划，教育学在演变着、动态变化着，每天都创新与再创新。教育项目、目标、方式、研究方法以及工具，指明了由教育者在参与者的陪同下一同探索与学习的曲折道路。

在教育项目融入行动[1]

所有环境教育项目都有必要参与到更广阔的项目框架中，该项目被称为当地团体的教育协会或者教育机构，还有教学框架内的学校或者机构的教育项目。这些教育项目反映了其机构的教育文化，无论是协会、机关，还是组织的小团队，都阐明他们的价值，甚至是道德规范。他们明确项目基础（目的、纪事、创立内容、方法、合作关系），确定教育活动或者协会的最终目标和目的。他们还可以研究比如对生命的尊重、对他人的尊重、与自然的关系、个人的自主性、个人的解放、发展、生活方式、平等、公民责任、共同生活、决策的确定、团结、好奇、一致性等的定义。他们同样也将机构定位在当地的活动领域。

① 教育项目是机构参与者的参考文件。它保证了行动和项目的一致性。

学校项目，教育项目

学校或机构项目

自 1988 年以来，学校项目（社区管理）和机构项目（财务自主管理）都是强制性的。根据官方文件，学校或是机构项目构成了“为参与全国目标，教育机构或者学校界定了一整套特别的相辅相成的目标、方法和手段。它以工作人员参与，联合用户和外部合作伙伴的方式来开发、实施和评估”。因此，学校或机构项目是带领其他所有参与进来的部门。换句话说，如果环境教育项目和学校或机构项目没有关联性，那么提出项目也就没有意义了。学校项目，建立起来要三到四年，每年都可以有部分修改，所以许多项目的全面了解是非常必要的，这样才能将其他项目，尤其是环境教育项目融入其中，这些项目可以由国家教育来补充资金提供给特殊机构。每年，机构项目都会被复审，来为下一年做准备，但是会有一段阶段性目标（三年左右）。原则上来说它是由机构领导合并开发。它可以是一个人的成果，或者更可取的是动员整个机构，根据动机采取不同的形式。

协会和未成年人团体接待中心的教育项目

协会教育项目代表并推动协会的意愿、价值观和侧重点。宣传和指导工具，是提供给机构参与者（成员、员工、部分参与方）的参考文件。它保证了在机构内进行的行动和项目的一致性。这些宣传和指导工具必须适合所有人——机构的参与者和更广泛的受益者（成人、儿童、青少年……）。

未成年人团体接待或市政府教育部门的教育项目正式确定了组织者的参与、他们的侧重点，还有基本原则。它还确定了教育导向和动员方式。该项目提出了整体框架，并被接待中心领导批准。它可以：

▲让家庭了解组织者的目标并让他们面对的自己的价值；

▲让教学团队了解组织者的目标和了解适合他们的实施方式；

▲让青少年和体育中心负责监管的工作人员，观察在接待现状和公布的目标之间可能发生的机能障碍。

他们做到了，是可行的！

已经写在机构项目里了！

2008 年，香槟地区菲姆市（马恩省）的蒂博（Thibaud）中学的生态学校项目，参与到该项目的教员和领导团队提出了学校 21 世纪议程。但是，一场关于学校 21 世纪议程活动的宣传改变了学校团队的想法，他们倾向于等到本地团体自己来推进当地 21 世纪议程的政策。于是，学校在可持续性发展进程中采用机构名号：可持续性发展举措机构（E3D）。在持续两个上午的培训之际，教员们、领导团队、学校总务主任等人士，共同思考在机构管理和分配教学中，能够了解可持续性发展关键的方法。已经实施的工作可以完善机构项目撰写，除了加入“接待与宣传”“教学”“指导”和“学校生活”，又加入了第五个方向“可持续性发展举措机构（E3D）”。该机构项目2009—2013年提到以下目标，例如：在我们的消费中引入可持续性发展的产品；促进能源节约；通过治理水塘和菜园提高生物多样性；长久推行拼车；鼓励校车和自行车的使用。

每个人都有自己的项目

项目类型	发起者，拟定者	内容
官方项目，协会项目	创始人或者部门主管	机构为了什么而存在（哲学的概念），协会的长远目标和按章程设置的目的
教育项目	主管	意愿和价值，机构的教育理念和要求
教学项目	长期组织活动的教学负责人和其团队；未成年人团体接待中心负责人和活动辅导员	教学目标、方法、方式、措施和期望结果
活动项目	参与者的复杂性的活动辅导员	具体的职能和活动的实施

各式各样的教育者

环境教育者往往是多元化的，被强烈的教育原则推动着，并身怀多种技能，这些可以使他了解环境，辅助他所关注的受众人群来了解社会与当地政策（协会的和大众的）的教育关键。

环境教育的几点基本原则

▲实地：和外部的接触，与环境建立联系，会议，让观点和角度多样化，从各个方面来体会感知。

▲团体：置身于团体活动中，在其中个体可以找到自己的位置，分享问题和研究，鼓励参与，活跃关系。

▲广阔和多元的愿景：将数据和关系系统化，开拓探索领域，从细微的到包罗万象的，从人为的到自然的，从短暂的到持续的，从历史的到未来的。

▲行为的培训：扩大有关现实生活问题的教学，达到真正公民项目的实施。环境教育没有受众，只有参与者。

▲没有等级区分：保证每一个人都接受其他人的培训，并且逐渐承担起从其他人身上获取知识和能力的责任。

▲让影响潜移默化地在日常生活中润物细无声地完成，之后便会成为自然。

▲空间的重要性：从身边，从别的地方，从不同的地方学习。

▲不采用传教模式：教授而不是招募。

学校自然网络基本准则节选，1998 年 8 月

自然活动辅导员可以有其他的想法，在他的受众和花、鸟、天空、风，还有世界之间创造一个亲密的关系。自然活动辅导员没有行为准则指示来给出建议，他只是通过自己的行为例子来影响别人。即使是和孩子们在一起，自然活动辅导员也不表达观点。他知道阐述一个观点并不是授人以渔。[……] 他知道自然是危险的，他也知道这种危险和我们可能会有的恐惧的危险相比不值一提。自然环境辅导员并不只是作为在路上引路的头领，他也有内心想法，并且知道，在交谈的时候，给每个人机会，大的或小的、根据日子、根据时间、根据团队和心情。

罗兰 · 杰拉德（Roland Gérard）在

《环境教育：一项事业》中的阐述

学校自然网络手册，2003

山区的陪同向导

陪同向导，意味着长期行动。他需要观察、分析、预测、决策、实施、适应、坚持。一旦所有人都背上了双肩背包，就没有休息时间了。[……]活动的复杂性和环境的严苛要求，我们自身要配备理性处理信息的能力。陪同向导的实践无法

离开地图绘制术、地貌学、方向定位、气象学、冰雪研究、生理学、社会心理学的帮助[……]。山区意识在这种艰苦直觉的混合环境中被充分表现出来，显示了活动辅导员—陪同向导的环境感知能力。

克里斯多夫·安德鲁（Christophe Andreux），
《绿墨水》，第44期，2002年秋

转换角色

环境教育者可以是专家，可以是同伴。他知道处在后方位置，但随时都准备好了。

导游	同伴	陪同向导	领路
领路，从专业职能角度指出方向并带来内容。	他和参与者共同上路。是同伴，是有默契的人。	他的作用是倾听，听从安排，准备好帮助别人。	他在后方鼓励参与者的自主性。

选自《道路职业培训者》。集体创作
学校自然网络编辑，2007

定义项目教学目标[1]

目标的设定在很多方面都很重要。实际上对于有效率地开始教育工作，从概念到内容，目标的存在必不可少。接下来，目标指导着行动，在需要的时候调整活动的方向。最后，有了目标可以在活动结束时，停顿整修，对活动进行评估以便之后可以走得更远。每一个项目，每个由人组成的团队，每一种类型的人，每一个目标的内容是由教育者来确定的，这些教育者要么是教员，要么是活动辅导员。虽然没有目标清单来指引工作，定义项目，然而还是需要留意环境教育会反复面对一些目标。这些目标通常被分类为概念的目标（或是知识），方法的目标（或是技能），行为的目标（或个性和举止），甚至是如何更好地作为个人和集体。这些目标也在1978年的时候由教科文组织分过类，分为意识、知识、态度

① 治理环境不仅限于解决问题的被动方法，还意味着一种积极主动的态度：我们想要在什么样的环境里共同生活？

和价值的发展，技巧和参与能力的发展（知识，能力和敢于实践）。

我们谈论的目标是什么？

教育者的目标和意图

这些是教育者为了其教育行为而制定的目标："我希望通过让孩子和森林之间建立情感的联系，使他们更加了解森林环境。""我希望让有社交困难的人和当地遗产之间建立联系"。教育者是这些目标的主体，拟定目标的也是他，是教育者来增强意识，建立联系。

教学目标

这些是教育者针对所要面对的参与者提出的目标。我们的想法是将它们从初始状态提高到一个新状态。这些目标以人为本，通常与获取知识、技能、态度和举止有关。"在我参与的后期，实习生应该了解有关垃圾问题的资源组织，确定他们的专业活动对环境的主要影响，并有能力做到尽可能少产生垃圾的消费。"参与者是这些目标的主体，使他们来学习、辨别、具备能力。

目标参考系

目标参考系是评估工具，是在评估的时候，再次拿出我们希望实现的目标清单，来对照我们的成果进行提问。它需要制定目标的表格，来阐述我们希望参与者可以达到的能力，还可以用它来调控项目。确认指标是非常有必要的，它们能让我们确认活动是否成功，这当然也是最困难的。但是，选择根据目标参考基准来评估项目，需要在教育行动概念阶段就提出明确的目标。

根据目标的教学法

教学法对老师来说非常熟悉，在他们的培训期间教学法几乎自动贯穿始终。每一种教育行为都有自己的教育和认知目的。根据目标划分的教学法定义了他们希望达到的长期目标，但最重要的是确定有助于实现最终目的的短期目标。这些我们所说的操作性目标以行为动词的形式提出，可以训练学习者态度与行为的改变，教育者能够观察到这些转变。

他们考虑环境教育

露西·索维（Lucie Sauvé）的环境教育基本目标

主要是在这样一个共享的“生活之家”，也就是环境中，用和谐的方式，学习共同生存。通过她提出的问题，环境教育（ERE）追求以下基本目标。

▲获取环境主题知识，为能够更加专注和增强意识，并能做出合适的选择

我们共同居住的地方有着怎样的特点？那些构成了环境的生命系统如何运作？在环境中的社会层面和生态层面之间有哪些联系？我们这里和别处的现实有什么联系？

▲澄清我们与环境的关系

随着时间的推移，我们的环境如何改变？我们的环境对我们的文化有哪些影响？反过来，我们的文化对环境有没有影响？我们是否足够关注我们所生活的环境？个人的，集体的？我们在自然中处于什么样的位置？通过食物我们和环境是怎样的联系？如何治理我们的空间？如何安排我们的休闲？

▲提高我们解决问题的能力

我们环境生态不平衡的主要迹象是什么？我们的环境凸显出哪些问题？原因和结果是什么？最合适的解决方式有哪些？用什么方法？谁来制定行动计划？谁来实施？我们如何评估这些解决问题方法的过程和结果？

▲给自己一个“环境项目”

治理环境不仅限于解决问题的被动方法，还意味着一种积极主动的态度：我们想要在什么样的环境共同生活？我们如何在环境中更好地融入我们的活动？如何治理我们的生活环境？如何共同将项目开展？

来源：露西·索维（Lucie Sauvé）（2007）。《环境教育》。
《转变、完善或是丰富我们和环境关系的邀请》。
克里斯蒂安·卡格农（C.Gagnon）（编辑），

艾玛纽艾尔 · 阿尔特（E. Arth）（合作撰写）。
《当地 21 世纪议程魁北克指南：可推行的
可持续性发展地区性应用》

不要弄错信息……

传播交流……

“所有的社会系统都必然是交流的系统”，巴黎第五大学人类学教授，著有由德拉乔和涅斯特出版社（Delachaux et Niestlé）出版的《动物的社会》的雅克 · 戈德堡（Jacques Goldberg）如此说道。因此，在环境教育中，也会有传播交流。发送者即教育者，将信息传达给接收者即参与者。传播，生物学的意义也是由雅克 · 戈德堡（Jacques Goldberg）定义，是指“一个机体（或是一个细胞）运作的行为，通常以适合环境的方式，在另外一个机体（或是另外一个细胞）上，改变其行为”。传播，在小拉鲁斯辞典中的解释是“一个行为事实，交流的行为，和其他人建立起连接的行为”。Communicatio，在拉丁语中，意为“融汇，意图的交流，共同参与的行为”。

……在环境教育中

企业通过宣传他们的产品和操作流程来说服客户。各地区通过宣传他们的强项，来留住当地人口，还为了吸引游客或是新的居民和企业家。环境教育者是否应该也去试图说服和吸引别人？比起“一起做”，更要“共通融汇”，这样工作可以使接收者同样变成发起者。分享陈述、感觉、分析、观点、行动的愿望……环境教育者是否应该听从生物学意义上传播这个术语来改变行为举止？这仍旧是一个当下热门问题。

传递消息？

根据小拉鲁斯辞典，一条消息，即是一则信息，一则向别人传递的信息。一条消息可以是在报纸上的广告信息，也可以是深度思考，是少数人对多数人的一种激励。在环境教育上要传递什么样的消息呢？甚至是否需要传播呢？这些想法在教育者之间分享。可以确认的是，选择传递或是不要传递，以及选择需要传递的信息本身都需要根据参与者、面对的目标和教育者的职业身份来阐明，来思考。因为一条信息，可以是知识，但也是意识或甚至是行为……甚至是一个要求、教训、命令！

他们考虑环境教育

清除信息！不要碰，不要捡，不要这样做，要在应该尿的地方小便；你摧毁了自然，你有责任，你要毁灭星球……他们要被闷死了，他们在这些狂轰滥炸的信息中要枯萎了，他们要累垮了。在自然中，在环境中，可能在可持续性发展中，但是首先，在所有之首，我们是教育者，我们的职业是教育，e-ducere（拉丁语）意为“通向外面”，带领孩子们通向他们的自由，他们的伟大，他们的慷慨，他们的美丽，他们的人性……作为教育工作者，不管怎样，这才是首要的。尤其是不可以让我们的道德像老学究一样禁锢在枷锁中，封闭起来！

路易·埃斯皮纳苏斯（Louis Espinassous）

可能知道的：在概念上的变化

领域	定义
整体的，认知	有能实施各种方法来学习了解，重新来做，解释。能够重新定义，解释，展示和向不同知识领域请教。
“生态学”认知	有能力解释相互关系，在物质世界和生命世界的相互关系。
“环境的研究”认知	有能力解释相互关系和相互作用，在不同的人类社会活动和生态环境之间。
“环境”认知	有侦查、测量、分析、评估人类活动对自然载体的影响的能力。有评估和解释机能障碍的能力并且如果需要的话，可以在其中找到治疗方法。
“环境教育”认知	有让别人了解所有在人类世界和自然世界之间的互相关系和互相作用的能力。 有能够测量这种功能影响的能力。 整合环境概念的新的具体价值观。 价值的过滤，给予每个人生命的意义，帮助行为举止的改变，鼓励行动。

来源：环境研究教授米歇尔·德格雷（Michel Degré），

伯纳德·德汉（Bernard Dehan）讲话摘要，
香槟—阿登大区自然环境活动和
启蒙教育团体（GRAINE）大会，1995

画一棵树！

每个人的实践和理论报告，对环境的感受和认知，对问题的看法，对教学区段的目标都是不同的。每个人最初呈现的个人表达可以让团队和教育者了解到每个人对这个主题的熟悉程度。同时也是对学习者知识的初步评估阶段。如果参与者已经了解一棵树的构造和功能，教育者将会与之适应，并丰富每个人的经验，比如对当地树木知识的探索，还有实地石油的测定。

一个人的最初表述都是遮遮掩掩，知晓的不知晓的，印象和想象的画面，幻想和不合理，意愿或是反感……都与学习主题相关集合一起。当我们说出一个词，立刻随之而来的是一个想法、一幅图、一句话、一段记忆、一种反应（意愿、担心）……这就有点像冰山隐藏在海里的那部分，我们从外面看不到，但是它们才是支撑所有的基础，是它们平衡着整座冰山。让每个人表达意愿，就是去了解冰山隐藏的部分。那么，确定每个人的最初意愿意味着什么呢？是为了在这件事的基础上重新建立和每个人相关的事物。就像克尔凯郭尔（Kierkegaard）所说的，“如果我想陪同一个人到达一个具体目的，我需要在起始的地方就和他一起，最初的地方”。我们有可能忽略掉这个阶段的风险，就是无法和学习者面对面，从而错过他可以听到和了解的东西；这就白工作了一场，没有人受益！团队没有那么宽裕，参与者的生活方式不包括在与团队的现实生活中。

节选于《交替学习》

（多米尼克·科特罗（Dominique Cottereau）联合撰写），

学校自然网络手册，1997

对知识选择取决于学习者的侧重点。这是学员在学习期间基本的内容。在实现学习的过程中，一方面是过去成就的延续，有时又相反。为了试图了解环境，学习者不会从零开始。他们通过使用自己的工具来解读环境：观点。观点可以通过更加理性的方式和参考来补充学习者的提问。通过这些分析表格，学习者可以解释他们所遇到的情况，或者是研究并且整合不同的信息。

想要学会，学习者需要更多地深入到表象以下，即“反对”自己最初的观点。但是他又只能通过“赞同”来进行，因为他的观点是他自己独一无二的了解世界的方法；直到这一观点对他来说有了局限或者没有那么丰富的时候，他会和自己的观点最终“破裂”，另外一个取而代之。一旦获取了观点或方法，学习者的思维整体结构会发生深刻的转变。他的提问框架也会完全重新制定，他的参照范围会极大地扩大。

安德烈·乔尔登（André Giordan），日内瓦大学教授。

环境教育培训研究中心（IFREE），

学术文献，第8期，描述与环境教育，2001年4月

为鼓励初始描述表达的行为事例

在知识范围	在想象范围	在身体范围
▲回答开放性问题 ▲回答多项选择题 ▲建立一个计划，一个模型 ▲画出现实中的物体 ▲对一段文字或一张图画进行评论 ▲根据一张词语清单给出定义	▲写诗 ▲按我们想的方式绘画 ▲用黏土，沙土或是面团来塑造模型做雕塑 ▲用照片语言表达自己 ▲讲述一段深刻的记忆 ▲找到一首歌或者一段音乐跟这个主题相配 ▲听自然的声音并写出或画出想出的东西	▲在项目开发的地点自由玩耍（如同处于再创作中） ▲临时创作一段简短的形体表达 ▲实现和主题相关的一些体育练习 ▲围绕教育者的提议玩耍

节选于《交换学习》

［多米尼克·科特罗（Dominique Cottereau）联合撰写］，

学校自然网络手册，1997

我们头脑里的水

在有关水资源的活动中，一开始，我让孩子们来画他们已经知道的水。一些孩子画了河流，有人画了大海，还有人画了周围有植物的水塘，再有的画了游泳池或是浴缸。一旦画画好了，我们把画放在一起然后分类：野外的水、室内的水、水和居民、水和用途……我碰到过几次，我甚至可以用这些放在一起的画来讲述水的“旅行”过程，但是我还不想用水的循环这个词。将这些画放在一起来引出我的活动的内容，以及它们可以带来的探索与发现。

马克·坎尼佐（Marc Cannizzo），

佩皮努耶特（Pépinoyotte）协会活动辅导员

探索并阐明一个主题，一个地方[①]

环境教育者邀请参与者进入到和土地、景色、主题、环境、问题的关系中来。这个区域，这个主题，如果没有必要全部掌握，全部铭记于心或是了如指掌，不管怎样也都要事先感受一下。环境教育者的任务之一就是测量、探索土地、发现物品，浸润其中观察，感知，和真实的自己感受生活。独自一人在土地上，去面对、去想象一场相遇、对抗、活动，去建立联系，在那里是何等的快乐。之后就到了挑选研究方式和教学方法、活动的技术、可能用到工具的设计和教学载体的时间。那么，教育者在成为媒介者之前，需要诠释、呈现、并准备分享……

① 浸润在环境、地点的情绪（细腻的方式）中。品读和分析前景、框架、功能（系统的方式）。

实地，有资源的人，文献

对一个场地或是主题的探索涉及三个来源，它们之中并没有相互的线状关系：实地，有资源的人，文献。通过探索，环境教育者试图盘点潜在的遗产，发现和联系的潜力，从而做出选择，优先考虑那些可以阐释呈现的内容。研究负责人、保管员则更倾向于根据一定的完整性来清点遗产的元素。通过这三个来源的探索举措，同样适用于比如对于在项目教学背景下探索的参与者。

跑遍实地

用走路，骑自行车的方式来探索这块地方。早上、晚上和夜间都会去。再退一步：从远处、从别处、从高处、从低处、从另外一边、从河对岸来观察。通过测量、实验、鉴别、描述、理解等来提取主要部分。浸润在环境、地点的情绪中（细腻的方式）。品读和分析前景、框架、功能（系统的方式）。观察、绘画、摄影，记录，画地形图，物品和样品报告。

认识有资源的人

通过和别人的观点与看法比较来丰富自己对地点或是一个主题的认识。和居民、专家、当地行动者、用户、管理者等会面，拜访他们，询问他们，并让其参与活动。在自己的资源人脉的基础上，建立并巩固。不要忘记团结同事，与伙伴和周围的人合作。所有的人，他们会带来流行知识或是传统知识、科技知识、技能、故事、轶事、个人资料、建议、其他的途径、其他地点……

参考文献

参考文献是为了丰富知识，证明假设，了解更多不同的观点，论证口头信息的来源，徜徉于历史。从这里到那里，在自己的书架上、互联网中、档案馆、多媒体图书馆、博物馆、协会基金会、专业文献中心（环境教育网络、建筑部门、教学档案部门中心）。对当地杂志、国家杂志、专业杂志、老照片、过去和现在的国家地图、视听报道、已经存在的教学物料感兴趣。

为发现做准备的探索

主题	方法论	目标
我 = 活动辅导员、教员、媒介、讲解员…… 他们 = 参与者、参观者、学习者……	我读、我感觉、我面对、我探索、我理解 我定位、我分析、我了解、我储存、我解释 他们发现、感觉、预知、适应和生活……	什么？自然、遗产、领土、环境、地点、论点……

过程	方法论	工具
将原始材料转化为公众可以理解的主题	探索 储存和解释 分享	▲技术工具(城市的阅读表格,框架,前景，潜力库存) ▲实施工具，为了休整、建立联系、规划……的存档和审查工具。 ▲工具，研究方法和教学方式(直接活动，媒体和教学载体)

他们做到了，是可行的！

乡村遗产观察指南

值2000年乡村遗产活动之际，农业和渔业部发布了乡村遗产观察指南。这一手册有点像风景阅读网格，提倡观察、探索乡村遗产，复杂且有活力的系统。目的为描绘遗产的特征，掌握关系和演变，在当地发展的角度下来体会并对其评估的观察。该分析网格以遗产的组成元素为基础：景观、建筑、私人空间、农业和渔业、食品、手工业和工业、集体生活。它通过提问引导观察。比如：地下是用来做什么的？如何来影响景观（地形）和人类活动（土地使用）？如何管理道路系统以及根据哪种层次结构？什么工作？什么工具？本地有什么特色？当地还有什么手工业制品存在？是否有当地发言人？地名告诉我们关于当地的哪些历史和习俗？

《乡村遗产观察指南》。农业和渔业部。1999

参考资源中心

解说

蒂尔登·弗里曼（Tilden Freeman）的解说是向公众揭示领土的意义与精神的艺术，人类的活动（农业活动，过去和当今的手工业，居住环境）的艺术，自然环境的艺术，让参观者产生情感使他们更加贴近要去发现或要去走一走的环境。

这个概念：

▲提倡想象和感官（看，但同时也要触摸、感觉、倾听、品尝）；

▲试图让参观者处于一个情景里，以让他个人感觉到他被周围的遗产包围着。

解说过程比为了传播信息和教学而仅仅将宣传资料散发出去的行为要丰富很多。活动、形式、媒体、插画、使用的制作品，讲解者本人也需要吸引参观者的好奇心，在他身上激发惊奇和惊讶……目的是通过这一体验（现今的），让参观者想起曾经的体验（过去的），然后有走得更远的意愿，想要了解更多（未来的）。

直接解说

直接解说使用个性化的方式。活动辅导员、媒介者、导游……居民、手工业者、农民……自然主义者、历史学家、管理人员……这些人都与参观者直接接触。会议、交流、分享、自发性、直接性、社会联系是有了面对面的机会才产生的。

比如：活动出行；有引导的徒步；导览参观；讲座和辩论；电影和幻灯片放映；艺术工作坊，烹饪工作坊；聊天、散步或者吃饭讲故事；活动，节日；示范讲解；营地；散步表演……

间接解说

间接阐述解说用的是非个性化方式。载体、工具、设施、装备都可以供参观者使用，并且可以提供在区域内自主探索。人与人的联系，没那么意味深长，但没有减少存在。实际上，居民已经能够被引导，然后和媒体的概念结合起来；青少年、儿童能够在青少年工作坊或者学校项目中活动和创作。

比如：遗产主题手册；导游手册、有声导览（或者全球定位系统）来探索小路的路线；固定或者可替换的宣传板；观景台；观景望远镜；长椅；小木屋；天文台；艺术作品和艺术家管理；长期展览、短期展览、巡回展览；主题博物馆；遗址房屋；电影；录音……

他们考虑环境教育

在理性与感性之间

我交流，你教学，他宣传，我们解说？……遗产的解说从一开始就是一个波动和发展的概念。它很难满足一个正式的定义，并且抗拒所有将它禁锢在特别清晰的界限内的研究方式。这种不确定性反而非常适合它。解说实际上是基于解说员的个人表达，其工作就是考虑参观者的经历和感受。从一个到另一个，我们不妨说我们是出于主体之间的沟通的，完全被接受和承担。所以，解说存在于感性与理性之间的位置。

罗讷—阿尔卑斯大区乡村发展资源大区中心。

《解说项目指导》。《梦想和情感的遗产》，第 7 页，2001

唤醒好奇心

一位生态讲解员是参观者和自然之间的媒介。他是有热爱的人，传递他的赞叹，对此的尊敬。他同时还有能力让别人发现“事物的灵魂”。就如对这位讲解员的提醒，阿纳托尔 · 弗朗斯（Anatole France）提出：“不要尝试满足您的虚荣心去教授太多的东西。只要去唤醒人们的好奇心。这对思想的开启已经足够，不要超负荷！只需点燃一点火花。星星之火，可以燎原。”

让 - 弗朗索瓦 · 马拉维耶（Jean-François Malavielle），

《绿墨水》，第 24 期，1995

他们做到了，是可行的！

在石板小路上

“在石板小路上”是阿尔代什山脉的大区自然公园中一个景点的居民发起的当地开发项目：特罗比山谷。项目想法是规律性地邀请艺术家和创作者来参与，旨在提高当地景观和遗产的知名度和价值。艺术活动、艺术家驻地和提出的实验有助于推动关于这片区域未来的交流和思考。为了特罗比山谷的和谐发展，这一挑战最终被居民和艺术家共同开发出来。这不仅仅是简单的徒步小路，“石板小路”更是一条意识之路……

双脚踩在土地上！

面对农场上、教室中、平庸的、安全的、在屏幕和窗户后的，从各种载体、媒体和工具中受益的，太远了，离现实、自然和实际的世界相差太远的教育的风险和偏差，活动辅导员、教员和培训师、环境教育机构要采取“脚踏实地”的教育立场。他们所有人一同呼喊“让他们走出去！”。

我们要求一个孩子节约用水，而他可能从来没有趟过一条小河。

埃尔维·布鲁涅特（Hervé Brugnot），
“珍稀矿石（la Roche du Trésor）”休闲探索中心培训师（25）。
《绿墨水》，第 47 期，2008 年 11 月

户外……野外教学，幸福的教育

我们环境教育行动中的主要部分（占优势的？）应该是朴实、纯粹、没有任何短期环境收益计算或评估收益的……需要提供的是幸福，在世界中的幸福和与世界的幸福。提供这种幸福可以采用非常多的形式！但是涉及世界，不管我们在说什么，只要存在身体和感官中，而且智力在冒险中占了一部分，和世界的联系就可以存在；如果是在具体的世界，土地，自然就在那里。如果我们存在于世界，并且世界也存在于我们，那么和世界的联系才会完全存活，内化，同化于每一个人。

路易 · 埃斯皮纳苏斯（Louis Espinassous），

培训师，作家，讲述者。

《绿墨水》，第 47 期，2008 年 11 月

到外面置身土地中去，是

▲惊喜的源泉。人是一个感性的存在，会被美景或是流水，或是昆虫的脆弱……而感动。

▲知识、了解和尊重的源泉。学习，给物品命名，理解……这些不会在学校学到，这会带来愉悦感。

▲会面的源泉。对自然的探索带来了与欣赏者的交流：渔民、种植者、散步者、园艺师、居民……

▲环境改变的来源。是走出习惯区域、向别人展现自己的机会。在“别处”，并不一定是去很远的地方（即使是我们

周围的环境也是惊奇的来源）。

▲扎根于领土的来源。是为了即时建设我们领土的范围，促进对附近环境的探索并与之相适应。

▲宁静和舒适的来源。梦想，在平静的环境中产生新的想法，能够使用空间来玩耍、跑步、攀爬、创造、感受冒险，这是满足儿童的基本需要和他们的个人发展。

“环境教育 64”协会教育项目节选

在实地学习地理

我对地理的兴趣是在由兰斯的地理学院组织的远足中被极大激发的。我在那里得到了非常大的愉悦感，在现实中找到我曾经所学习的理论知识，通过观察景色，觉察到在景色中隐藏的信息，还接触到经济和社会生活的内容。我希望和高中学生们一同分享这个快乐。……为了激发好奇心，我通常让我的学生们去面对复杂的地理问题，解决这些问题他们可以认识到有着完全不同见解的有活力的人。……学生们会意识到他们也是自己生活空间的一部分。他们遇见一些人，这些人对他们所生活的社会有着或清醒或热情的看法，他们打开了新的领域，创造着他们的生活或是努力达成想法和实践的协调。通过这种地理研究方法，我希望提供既人性化又严谨的学科形象。

皮埃尔·尼古拉（Pierre Nicolas）。地理老师。

《绿墨水》，第 37 期，1999 年秋

让参与者成为学习者[1]

行动参与者……是那些在学习期间的行动者，是那些环境教育者在探索过程中引导更加主动而不是被动的人。同时教育工作者希望他们来了解，并且能够敢于成为会反思的公民，支持环境、人类、生物多样性、他的社区、他的领土……全球环境教育项目尤其致力于参与者自主性的获得，同时尝试发展获取信息和综合信息的能力，判断、对比的能力，通过尖锐的批判精神抑或是对原因了解的行动能力的评估。

通过团队和通过项目

通过团队学习：社会学习

团队学习通常是环境教育中教学方法的重点。团队成员相互信赖，并且需要学习尊重他人的观点和贡献；他们需要与搭档进行辩论并且深入谈话。参与者要学习提供信息和采

① 问题逐渐变得有意义，被重新表述，更加精确，团队组织并管理。

集信息，组织并且解决复杂的工作，形成他们自己的观点并能够交流。所有的这些能力对于主动参与，不管是城市事务还是积极生活都至关重要。最后，团队的工作深化参与者对主题的积极态度和热情，要求一个积极参与和所有参与者自己承担起在学期过程中的责任。归功于团队结构的交替性，有时参与者独立思考，有时和搭档一起行动，有时在一个小的团队中获得进步，然后可以在大的团队中发言，参与者和其他人有着共同的名字“报告人”。教育者有着共同的想法，确保联系，推动交流和互动，陪伴学习同时伴随所有人及每个人的社会建设。

通过项目学习：项目教学

开发一个项目，是将未知的明天赋予意义，是驯服未来，是将现今与未来连接起来，是征服生命中的不断的变动，所有都和“此地此时”有关，而把自己放在项目的动态中，并不意味着放弃适应性和自发性。项目既是个人必要也是社会必要，因为它可以加强对未来的掌控。在项目概念中的内容动力无法避开教学。项目教学是一种学习教学，不过并不是建立在明显的知识传递上，而是以由教育者引导，学习者自己进行研究—演示—创造过程为基础。这是一种优先接触环境的方式，可以使学生和实习生在工作团队自己选择并计划的项目里，通过在实地中，对想法、观察、思考的比对来掌控整个

学习期。因为它建立在每个人的自身需求和个人可能性之上，因为在这里，我们自主学习，项目教学也在自我发展。

节选自《交替学习》

（多米尼克·科特罗 Dominique Cottereau 联合撰写），

学校自然网络编纂，1997

他们做到了，是可行的！

探索中的年幼参与者

“他们年龄很小，所以缺乏注意力”，老师跟我说道，她来为她的幼儿园班级孩子准备六月份的活动日。但什么是注意力？是崇拜？“都在听”，“都不说话”，赞美……？还是在当下，在活动中一直有活力，不受阻止的好奇心，都很聪明伶俐警觉，一直注意力集中……？确实，幼儿园孩子们很容易分散精力，但是参与到活动中，处于环境中……并不一定需要彼此分享前一天晚上的电影！

……机警的小朋友们将我们早上经过的几百来米的森林来来回回扫荡了一遍，凋落的树叶和干枯的木头，观察树干，捡拾橡果、山毛榉果、云杉锥、驯服蜘蛛和甲虫。当我和班上一半以上的人讲述屎壳郎的时候——我们把它放在手上传来传去观察——而亚瑟，在十几米外蹲着，在一堆枯叶中寻找着什么……他的弟弟，菲利克斯，在一个老树根下发现了一只小北螈……当阿利森和马丁在树林里跑来跑去为了再寻找一些狍子掉落的毛发的时候，尼侬在对着一颗橡树问问题。屎壳郎不是他们的关注点，但是他们仍然是有注意力的。他们的发现在另外的地方——在另外这件事情上他们是参与者——更多的是在获取知识的过程中融入。

朱丽叶特 · 切里奇 - 诺尔（Juliette Cheriki-Nort）。

《绿墨水》，第 37 期，1999 秋

他们考虑环境教育

一个好的学习期需要包括六大点

▲确保调查有意义，即将学习者放到有意义的研究环境中。

▲创造认知干扰（对比不同的小组面对同一课题，对比学生在面对信息、面对现实中不同的观点）。

▲通过和学习者共同建立模型、图表和草图来帮助构建思考体系，推动学习。

▲围绕基本概念（能源、材料、空间、时间、信息……），让分散的知识垂直整体化。

▲激发知识的转移和再利用（例子：创造成人团队“教授”儿童团队的环境）。

▲对我们已知的形象的深思。

1995 年普瓦提埃，扬尼克 · 布鲁塞尔（Yannick Bruxelle）

在安德烈 · 乔尔登（André Giordan）的讲座中提出。

《绿墨水》，第 27—28 期，1996

项目教学法

应用在环境教育中的项目教学法，允许在由教育者和学习者组成的团队自由选择实施共同的项目，和外部的合作伙伴共同参与下，来推动内部进程和跨学科进程。从这一点来说，项目教学法有这个优势，因为它是积极主动的教学方法。这意味着受过培训的教育者没有级别观念，动机之于运行环境就如同自主性之于目标和立足点。项目教学法可以用一种活跃的方式来接近、了解环境，让个人参与到周围环境和周围人的接触，用全局方式来了解环境，鼓励呈现观点、研究方式的多样性，在学习期间体会到责任感，了解人与环境的关系，成为行动者，积累公民责任感经历。教育者的角色成为向导、顾问、陪同者、讨论合作者和资源者。

在解释了我们来这里的工作主题是奥尔水塘（étang de l'Or）和所汇入的河流之后，我们给每位学生分发了一本探索手册。孩子们可以在上面记录下来他们提的问题，他们看到、触摸到、闻到的东西，之后我们出发到一个村庄去倾听临近广场的鸟的声音，感受在第一丝阳光穿过树梢中的雾气，去看井底的水，去问成千上万的问题。下午我们去了浴滩，在大海和水塘之间，我们观察了海里的生命与池塘生命的不同……回到教室，我们把这些问题分类；两大类主题浮出水面：拜拉尔盖（Baillargues）的水资源，奥尔水塘的生命。不同主题小组成立了：家庭用水；奥尔水塘的渔业；水塘里的动物；水生植物和近水植物；拜拉尔盖的地下水；净化站。之后出行、调查、采访、数据、资料研究。一点一点，问题有了方向，重新被组织，更加精确，团队自己组织起来，自我管理。他们工作的结果将采用日记的形式被发布到互联网上。

洛朗·马索（Laurent Marsault）。

《绿墨水》，第31期，1997年春

项目教学进程的不同阶段

根据参与者的不同有着非常多不同的阶段。在以下示例中保留了其中7个。

阶段1：表达他们的意见

因为我们在项目中不是从零开始，项目陈述的确定可以使团队了解到每个人对提到的主题或目标的了解、感觉与想象。

阶段2：激发

接下来，教育者提供引发问题，让好奇心更加敏锐，扩大学习的可能性的机会，通过活跃团队与场地、主题或目标联系的进程来实现。一些会议、活动或是反思，打开了通向多条道路的大门。

阶段3：共同定义项目

激发的阶段已经让意见表达出来，并且引起多样的问题和感受。需要将他们阐述、分享、分析，并以主题来分类尽可能引出项目。

阶段 4：实施项目

项目是建立在前面阐述的所有基础之上。我们开始着手调查、研究、提问……这些给综合概述提供了空间，它在已经发现、学习或者创造的结构基础上暂时总结。

阶段 5：行动和参与

参与到社区、辖区、机构或是仅仅是实习单位的生活都可以给项目生命和公民意义。是信息的活动、当地的治理、河流的清理、种植等项目的实现。

阶段 6：传播

一项已经完成的工作或作品的宣传交流是学习期过程的一部分。宣传交流是学习如何说话，如何概括，保留精华，并且通过表达的练习来帮助记忆。展览、演出、讲座……方式是多种多样的。

阶段 7：评估

项目过程进展记录，方法、收获、走过的土地的回顾……评估，贯穿着整个项目，可以重新根据现状和没有预见到的事情的出现来随时调整，需要的时候重新组织，判断行动中所需要的时间，以及为今后的项目做更好的准备。

节选自《交替学习》

（多米尼克 · 科特罗（Dominique Cottereau）联合撰写），

学校自然网络编纂，1997 年

选择教学方法[1]

要重点强调没有好的或坏的方法，只有和目标、方法、参与者是否相符合的方法。如何达到情感的、伦理的、认知的和行为上的目标？如何唤醒爱、尊重和承诺的感觉？如何将价值转换并且加强或者提高人的责任心？如何了解复杂的个人与他们环境的关系？如何自我引导一项行动？这些都需要找到答案。转化态度和行为比起教学事实要难得多，这才是环境教育和传统教育不同的意义所在。也许信息本身可以带来对行为态度的意识和改变？但是，环境教育的现今经验表明，最有效率的改变态度和行为的方式并不在于知识的传递，而是要更多地让参与者面对问题，帮助他们用行动来解决问题。通过行动来学习，在情境中学习是最好的达到社会情感和行为举止目标的方式。

① 辩论和角色扮演可以让人们有自我反思行动的意义，以及形成更加全球化的想法。

教学方法的小类型学

我们所谈论的是什么方式？

根据菲利普·梅勒（Philippe Meirieu）的观点，《教学方法》这个概念涵盖了至少三个现实。有一种教学方法是作为教学趋势，我们所说比如“弗莱内（Freinet）[1]方式”。教学方法也可以展现一种活动类型，比如通过电脑来协助教学或者是整体的阅读学习方式。最后，教学方式可以成为一种特别的行为，比如活动辅导员使用非常个性化的方式，来让参与者分辨两种不同种类的树。一旦我们讲到环境教育教学方式（露西·索维将其称为教学战略），通常指的是第二类。

或多或少有参与性的方法

参与性较少的方式通常是给仅以知识的传播为目的而用的，参与感最多的更倾向于个人技能和主动资质（自主性，适应性……）。

肯定式方法。它用于比如演示、练习和实践工作，还有教学电影的技术中。这些教育法主要以解释、呈现、叙述等

---

① 弗莱内教学法：是塞莱斯坦·弗莱内（Célestin Freinet）和妻子艾丽丝·弗莱内（Elise Freinet）从儿童自由表达为基础发展起来独特的教学方式。（译者注）

为基础。

询问式方法。这种方式通过向学习者提问来引导他们进步：推理的方式（规则或是基本理论之后是演示练习），归纳的方式（对特殊案例的观察之后组织成通用法规）。我们在这里找得到所有的传统教学法，从而产生了活动，而活动整体导向和指导方针的负责人，需要能够管理活动场次的时间来提高学习者吸收内容的程度。可能如今大部分的环境教育实践都是由该类别涵盖的。

活动的方式。项目教学就是一个非常好的例子：公众在学期中都非常活跃，这是通过一个集体的活动来完成的，但是公众同时也参与到主题和工作方式的选择和对结果的长期评估……

这些不同类别的方法之间没有价值高低之分。它们的分别使用是互补的，根据情境、受众、受限制的空间和时间……尤其还要考虑到目标。

他们考虑环境教育

教学，几个思考的路线……

这门教育的科学，复杂的人类学科，向我们解说着其他人类，我们的世界的研究方法和我们的社会项目。这是一门在众说纷纭的思想家理论之间摇摆的科学，它提出很多教学模式，并且我们每个人选择其中一种模式时都需要深思。我们可以选择人类“生产”的大师，比如皮格马利翁，或演说家的模式，从他的讲台向我们传授主要课程；或是教育学家的方式，引导学生学习使用“助产术（苏格拉底的主观唯心主义辩论术）”，来自苏格拉底自认为在不知不觉中所孕育的思想的产生方式？教学的目的是引导我们学到知识，我们同样应该讨论到学习实习期。一个能够帮助学生学习的实习期，不是应当将活动集中在知识的构建，开发所有学习方式，开发认知战略上吗？首要的条件不是应该是学习者本身有学习的意愿，我们帮助他培养好奇心、想象力和自主性吗？那么，“老师”就是一位向导，尊重他人，在整个学习过程中陪伴学习者。

安妮－玛丽·沙夫（Anne-Marie Schaff）。教学顾问。

《凯尔纳尔（S'Kernal）》

（阿尔萨斯大区自然与环境教学网络日报）第 25 期，

2005 年 7 月

盘点与目标相关的可能方法

活动	方法、研究方式和可行活动指示性选择
认识植物	▲游戏（举例：树叶大战） ▲《权威的课程》 ▲走到实地中和植物群测定的练习 ▲关于植物群的项目教学
了解使用科学方式	▲经验解决练习 ▲室内实践工作 ▲关于科学项目的项目教学

续表

活动	方法、研究方式和可行活动指示性选择
观察并提出问题	▲感官研究方式 ▲项目教学
领会我们和环境的理性关系	▲项目教学 ▲环境研究 ▲系统研究方式 ▲概念研究方式
领会我们和环境的私密关系	▲项目教学 ▲想象教学 ▲感性的、艺术的、想象的研究方式
获取尊重其环境的行为	▲项目教学 ▲想象教学 ▲解决问题的方法 ▲重实效的研究方式

聚焦……问题的解决方式

对问题的识别、定义和处理的必需知识的构建日渐重要。如何解决问题的教学意味着研究的主题是一个社会层面的生动难题或问题。这种教学方法反映了不同的观点和难题该如何解决的方法。

路标

▲带领学习者识别难题。

▲学习者提出问题，即围绕着教育者叙述他所有的学习策略的提问，提问会带领学习者走进解决问题的过程。

▲学习者自己提出一些假设，可以了解到学习者的表述，

扩大他们经验范围和创造恰当的学习条件来激发概念、方式、行为对现实的不同呈现模式。

▲活动范围，和解决方式的研究是密不可分的，与系统性的研究方式有相互关系，可以实现问题的鉴别、原因分析并将它们分成等级。

▲评估，是对所有创新的补充，可以得到关于实践更加完整的反馈。与传统学科相关的一些新指标会被认定为是学习者的参与、从当地活动到全球思考的扩展、投资与合作的程度，项目的活力……这是关于引导学习者来完成的评估过程。在教育者的帮助下，他们需要有能力来描述问题，从环境影响中抽离出来，在他们中间表达自己，评估替代措施，概括赞同和反对论据，对问题采取立场。

这种教学方式的风险之一是，在没有调查原因的情况下就停止对一个问题的描述或是研究。学习者会被告知问题，但是没有问题的来源或是动力。一旦我们涉及原因和解决方法，我们会采用侧重价值、道德和行为准则的研究方式。那么对现状和这些后果的描述属于科学领域，原因和解决方式更多的属于社会政治、经济、文化和道德领域。

他们考虑环境教育

问题的解决方法，在更广义的进程中的第二阶段

1. 对环境的关键探索

这种探索可以通过和每个参与者的交流来进行，受益于他们的知识和观察，或者是通过当地和地区媒体作为媒介；集体新闻资料在这里是个很好的工具。但是优先的战略当然是在这个区域或是村庄的环境路线，邀请我们再次发现生活环境，通过对环境的观察，对我们提问题，在我们中间、在文件中和信息提供者寻找答案。路线（一般的或是主题的，比如关于水资源）带着我们绘制一幅我们自己领土的集体地图，并阐述：什么是财富、力量、限制、不平衡？

2. 当地问题的集体解决方法

在紧急状况下，一个主要问题被优先提出，比如现代化猪圈的建立。但是同时，我们也可以选择研究根据路线或新闻资料中发现的问题。解决问题的系统方法将我们放置在明显的社会和生物物理现实的密切关系中：生态、卫生、经济、政治、文化、道德和其他方面都被探索并联系起来。有这么多的东西需要学习，我们需要将任务分配出去。最后，要解决目标问题，重要的是选择我们可以接受的解决方法（起初谦逊并且现实，但始终勇敢）。因为要面对成功的目标，要鼓励我们继续，增加我们“能做到”的感觉。

3. 社区项目的发展

关注环境，需要有创造力的项目来发明新的共同生活方式。可以组织乡村或者辖区节日、当地产品集市、拼车系统等等。该项目将产生好的学习效果：学习有关的环境现实，学习项目管理，自身学习，学习“共同生活”，学习创造、交流，学习如何去学习。

来源：露西·索维（Lucie Sauvé）（2007）。《环境教育》。
《转变、完善或是丰富我们和环境关系的邀请》。
克里斯蒂安·卡格农（C.Gagnon）（编辑），
艾玛纽艾尔·阿尔特（E. Arth）（合作撰写）。
《当地21世纪议程魁北克指南：
可推行的可持续性发展地区性应用》

聚焦……机构的教学

机构教学是从教师费尔南德·欧瑞（Fernand Oury）和委内瑞拉心理学家艾达·瓦斯克斯（Aïda Vasquez）的实践中发展起来的。菲利普·梅勒（Philippe Meirieu）这样定义其准则：“通过接受所有人的建议，我们会在团队、机构的日常生活中取得进步；通过讨论行为、辨别行为以及陪伴行为，在面对侵略时的不安感也就变得司空见惯并且从中受到教育了。”机构教学法是社会教学法的结果，旨在将“人”置于建立和规范社会机构的核心位置。通过“机构”，我们既了解官方社会团体（学校、企业等），还能了解制定群体生活规则的系统。

环境的分析

机构教学强调环境的角色，以及关于儿童发展的交流的可能性。环境的分析包括三个方向，就如三脚架的三个支点一样：

▲唯物主义的范畴：可用设备，组织类型决定活动、条件和关系；

▲社会范畴：在工作中的团体会产生教育者无法忽视的压力和拒绝；

▲潜意识范畴：承认或不承认，“潜意识存在于教室中”并且不能忽视（言语、症状、焦虑、行动）。

教育者的角色

他是社区负责人，他要解决那些在团体中无法解决的冲突，并且保证内部的安全和成员的情感联结。他是秩序的保证：他要确保由组织拟定的，由他来担保的法律、规则是被尊重的。他设立了旨在让参与者负担起责任的机构：组织、分配工作的团队委员会，以及拟定法律并处理冲突的合作委员会。他提出活动：自由文本、印刷、报纸、通信栏……在一个团队中，参与者自我组织并且发挥他们的能力。

这是在学校，在严格的教学环境中，实施的教学形式，但是在学校领域以外的教学环境中出现也能找到它的存在理由：探索课程、未成年人团体接待、发烧友培训、短期出行游客团队、特殊教育、社会工作，整治……而且还可以在家庭环境中，因为我们能够触及团体的生活组织。

考虑全世界

“班级生活发生在一个空间，在有限的地理空间中。这个空间的管理，以及为了在教室中获取更好氛围的最佳物质条件就变得尤为重要，这些可以让教学事半功倍。这一空间，纯粹从建筑学的观点上来说，这一存在有生命体的地方，比如个人或者团体中的人，在其他人眼里，这里更首先是一个为了追求、为了生活、为了发声、为了了解事物和人、为了寻找也许是自己和其他人的地方。是一个见面的地方，是所有交流的必要条件。”

费尔南德·欧瑞（Fernand Oury），

艾达·瓦斯克斯（Aïda Vasquez）。

《面向机构教学》，马特里斯出版社（Matrice），2001

他们做到了，是可行的！

草木犀[①]，在短期外出期间话语的空间、时间

其他人还在称它为委员会或是“有什么新鲜事？”的时候，布尔欧布瓦自然启蒙教育中心的假期中心负责人和活动辅导

---

① 草木犀属二年生草本植物。在此用草木犀指代在外出实践活动中让参与者畅所欲言的空间和时间。

员共同起了“草木犀”这个名字，它很大一部分是从机构教学来的灵感。“草木犀”，是日常会议，同时也是让孩子和实习生畅所欲言的场所（小纸条的收集容器）。每天，团队集合，最常见的是围成圆圈，来一起谈论团队生活。一个孩子或是实习生就是这一场活动的主持。他们在任务中由相关老师陪同，来保证在交流过程中的良好表现。首先，他整理“草木犀”内容的信息。他发送可能的个人邮件。他阅读所有的小纸条里提到的和推荐的内容。一旦涉及难题，他会邀请团队的成员一同来寻找解决方法。“亚瑟不停地嘲笑所有人。”“有人每天晚上去厕所的时候都会吵醒我。”一旦涉及活动建议或是组织形式，他引导团队衡量可行性并且改善逗留安排。“我很希望回到獾的隐藏的地方。”“我们可以吃可丽饼吗？”“劳拉和我，我们想在美丽的星星上睡觉。”这些讲话的时间可以缓解压力，并且将孩子们聚集一起参与活动建设和行动。同时也可以衡量总体的满意度和融洽度。“我非常喜欢讲故事之夜。”“我在这里很好，我交了好朋友。”

朱丽叶特·切里奇-诺尔（Juliette Cheriki-Nort）见闻

从辩论到角色扮演

项目进程趋向于将参与者聚集在一起，围绕着一个重点，一个问题，对部分领土的观察。辩论和角色扮演可以促使我们亲自了解行动的意义，领会更全局角度的碰撞火花。

在高中的辩论

协助公民培训是教育体系基础任务之一。面对公民、法律和社会教育（ECJS）可调动的教学方式中，会有优先组织辩论：他们将学生置于责任的情境中。选择引导他们从现实中提供的素材，加强公民、法律和社会教育（ECJS）教学的实践范畴和具体兴趣。辩论是一种优先的教学方式，但是不是排他的，它可以根据以下阶段来安排。

▲和学生们一起选择主题，确定公民责任研究相关的必要辩题。

▲辩论准备工作的组织分为工作、团队工作和协调。根据涉及的主题，我们可以动用丰富的技术：新闻资料，查找历史档案或法律文件，在光盘或者因特网上寻找信息，拜访或是面试调查，和有资质的人联系，拟写论据。

▲学生和老师之间以协商的方式举行辩论（会议主席的选择、报告员的选择，基于案例的论据陈述、对比的发言、记录）。教师确保严格遵守辩论规则。通过教师的介入和最后总结，他们表明了立场和面临的挑战。他们将辩论与计划概念联系起来，并用长远角度来看待。

▲口头和书面的总结概括，并可能传播班级的成果（册

子，展览，学校的辩论)。

全国教育高中计划节选。

高一年级普及技术公民、法律和社会教育。

《官方简报》特刊，第6期，2002年8月29日

学校里的哲学探讨

教育学生成为“自省公民”：“研究团体”(里普曼 Lipman)，或者是“哲学讨论”(佩尔特 Pettier)都是辩论的形式。因为没有辩论就没有民主，在学校关于辩论的学习保证了民主公民责任的教育。辩论的学习和哲学探讨的学习通过智力辩论将两个教育情况结合成了一个“自省公民身份”，也就是说在一场既有伦理要求还有智力要求的民主辩论中，一种精神在面对他人，在面对现实时被理性所启发。这是朝着一种普世性的使命，植根于人权、市民的权利和儿童的权利的解放理性的民主理想尝试。挑战，是面对童年、哲学和民主。

米歇尔·托兹(Michel Tozzi),蒙彼利埃三大教育学名誉教授

节选自文章

《让孩子们学会哲学探讨：评定、生动的问题、挑战和提议》

扮演一个角色，模拟一场会议

角色扮演从问题情境开始：比如，一个垃圾场要关闭了，需要找到方法来处理这块区域的垃圾。参与者们被邀请扮演这些跟问题相关的角色，由不同的想法和价值观来主导，有的时候所持观点甚至是相反的：民选代表、居民、工人、渔民、猎人、运动员、孩子、教师、医生、消费者协会代表、生态保护者……在会议模拟期间，参与者交流并且需要共同寻找解决方法。在辩论中，他们可以通过参考资料，和当地相关人员见面，参观场地来建立他们的论据，并更贴近他的角色。通过角色扮演的实施，教育者带着参与者了解环境主题的关键，和这些主题的社会、公民和经济范畴，并以此来与观点比较，了解民主辩论的意义和机构的运作。

替换教学研究方法[1]

参与者和自然或者研究主题建立联系的教学研究方法多种多样。这些研究方法之间不存在任何等级制度，并且这些方法可以用在教育活动流程中的不同时刻。每一个教育者会选择与环境、受众等相适合的方法以及满足自己的个人喜好和他的专业身份。然而，需要强调的是，所有人都有自己的感觉，并且对同样的方式并非都容易接受。在同一场景使用大量不同的方法，从而可以接触到最大化的大众，每个人都感觉到是被自己最偏爱的方式来问询。因此，活动需要更加经常地使用不同方法相结合的方式。这种研究方式的类型已经有长足进步：针对年龄很小的小朋友，我们可以试图开发他们对自然的热爱和对其他人的尊敬，也就是说，定下情感和感性目标；针对大人，坚持人和环境的责任和整体了解，

---

① 身体应该被用于其本身：是随机应变的工具，和周围前后左右的人建立关系的工具。

即道德和认知的目标。因此，建立教育过程的持续性，是基于情感方式之上，并且继续向着知识和责任化发展。

感官的，想象的，艺术的

“在研究环境之前，我们先去那里，在那里呼吸，在那里相遇，我们爱它，在那里受苦。”多米尼克·科特罗（Dominique Cottereau）在她的著作《想象的道路》中跟我们说道。感性的和感官的研究方式可以让教育者迎接、陪伴他人的感觉与情感。

感官的方式

在对环境形成认知或者概念之前，孩子和大人是跟随他们的感官来探索环境的。因此，对环境研究的第一种研究方法是感官，而我们却经常会忘记它。基于这一观察结果，在过去的三十多年，美国出现了一种特殊环境感官趋势：感官研究方法。通过它，活动辅导员、教师带领参与者到自然环境中，通过视觉、听觉、触觉、嗅觉甚至味觉来探索。在这里，我们首先对自然的感觉觉醒了，来感受环境的元素：碰触苔藓然后是荆棘，感受皮肤上的清新空气，闻着树脂的味道，尝一些果实或是种子，倾听风掠过树枝的声音，观察鸟窝，水的漩涡……相互关联，相互补充，就像是用烹饪的方法来邀请参与者，采取猎人采摘者的方式识别和收获可食用的野生植物，然后将其烹饪并一起品尝。蘑菇、桑葚、覆盆子、蓝莓、车前草、荨麻、聚合草、玻璃苣刺激着人的味蕾，并推动了与世界的某种联系！

感性的方式：在艺术和想象之间

这种研究方式可以产生情感并让情感发酵，这种情绪能够激发对所涉及主题的感性意识。而且，在创造力和创造性的记载中，可能性的范围是无限的：写作游戏（合并词、藏头诗、图形诗、风景元素食谱……）；诗歌和文章的创作；用涂色的树叶粘贴的图画；用自然元素涂抹的画作；用三条草的嫩枝和一条白蜡树树枝进行的音乐创作；在自然环境中的身体表达（模仿螳螂、篱笆、果园、森林，用他的身体组成新的形式……）；大地艺术……这个故事还以不止一种方式引人入胜。它融合了大自然的象征性，并且丰富了大家的想象力。我们可以在内部和外部进行讲述，当然，也是在创作，在表演……这种研究方式构成了环境教育中特别有启发性的元素，比起简单的活动来有更加广阔的用处。

他们考虑环境教育

多种研究方式的综合

可持续性发展环境教育的不同研究方式的优势就是——混搭，将它们放在同样的活动场景中来对比。在我看来，我觉得非常有趣，因为这样可以保持有活力的节奏，让面对的受众不会疲倦，因为对同一主题的所有理解方式都会带来一种惊讶或是不安。比如在幼儿园，将不同的方式综合运用在一起为的是引起孩子长时间的注意力。如果从玩游戏到讲故事，从经验的解决方法到如何做到分类选择……他们没有时间来觉得无聊。当然也不可以一股脑儿地像这样“倒过去”，需要在前一个活动到下一个活动之间自然过渡。[……]可持续性发展环境教育的丰富性在于，为了向受众传达强烈的价值观并使其产生行为变化，我们使用了截然不同的研究方法。这些不仅让人开始对环境尊重，同时还促进了个人的发展与成长。

艾米丽·克莱尔（Emilie Clair）。

可持续性发展环境教育教学材料第4期。

《我们实践的意义》。

2007年第二学期，罗讷—阿尔卑斯大区自然环境活动和启蒙教育团体（GRAINE）

通过沉浸，让孩子们找到他们面对大自然时与他们感受相关的兴趣点，[……]事实上不要将孩子们看作是学生，而要把他们看成“学习旅行用户（apprenautes）”（在旅行中学习），沉浸在一切都成为知识对象的环境中。[……]传统的人还是更多通过感觉，脚和手、眼睛、耳朵和嗅觉，而不是通过理解力来学习［……］。平原上的人们就像学习旅行用户（apprenautes）一样沉浸在他们的环境中，在那里所有的一切都可以拿来当作知识的主体。学习旅行用户（Apprenaute）在探索进程中建立自我，目的是探索丰富的资源，但同时解决在他一生中环境带来的问题。沉浸在和别人的关系中，他在涵盖所有领域的知识中进行航行，并触及他感性的各个角落。这些概念如今凝结了生态教学的成果。

蒂埃里·帕多（Thierry Pardo），
《自由遗产，为环境教育的种族学元素》，
巴比奥出版社（Babio），2002

游戏的，身体的，务实的

游戏的方式

这或许是个非常好的方式来让大众提高对问题、概念等的了解，而不是直接揭示活动的最终目的，这一方式最首要的目的是让大家感受开心、轻松。游戏是一个参与性很强的工具，兼具实用性和愉悦性。除了其传达概念、让人对主题感兴趣的能力，它同时还很容易构成了活动的气息和节奏。经过精心挑选和验证，游戏可以成为所有环境教育者全副武装的一部分。游戏的研究方式，很大程度上也取决于发明它的人的创造力，他们要将自己发明的游戏与自然相联系起来。我们说什么我们就会成为什么……在小路高处的洞穴里，我们可以扮演穴居人……在水流上方的浮桥上，我们可以扮演渔夫……栖息在树的高处，我们扮演哨兵来对付强盗匪帮……至于年代久远的巨大树桩，当然是我们树林里的矮人桌。

身体的方式

它和运动方式不同的地方在于，目的并不是让大家做运动，也不是进行一场体育比赛，甚至不是锻炼。其理念更多的是寻求像感官方式一样，推动参与者和环境之间的身体接触。身体的用途是：移动的工具，与周围、上面、下面、这里、那里的人和事物建立关系的工具。室外体能运动可以实实在在地接近树木，触碰、拥抱、摩擦、叩击，同时学会自我担当一直坚持到最后。到了最高处，从林冠看到的全景和到达那里带来的满足感让整个活动圆满。置身于自然中的其他体育活动可以采用这种身体方式：爬上岩石的攀岩；顺流而下的独木舟；骑车和徒步来穿越空间并丈量土地。

务实的方式

通过具体行动，使用务实的方式带领参与者发现生活的现实，发现组织、承诺、参与的意义，和环境、教育者及其其他参与者建立联系。修复池塘，用古人的方式修建干燥石墙，清理学校周围环境，设计一个展览让参观者们更加关心湿地的丰富性，清除干草地上掉满的松子……这些具象的活动可以通过协会、学校俱乐部、营地的年轻人以及志愿者们来实现。

他们做到了，是可行的！

爬树

……我们寻找最近的树枝，我们用手紧紧抓牢，我们用脚来摸索。我们站在高处。手、脚适应圆柱体树枝的支撑。在枝叶茂盛的树冠看到的景色还有这绿色渐变所呈现的效果切断了和下面文明世界的桥梁。……更远一些，我们借助绳索，这样总归保险些，在高空攀爬着。那些树枝是有间隙的，我们有和树木、空气、阳光融为一体的感觉。三个小时过去了，需要重回地面。……穿过瓦尔博讷森林腹地的行程，参与者体验了一种直接的联系，与树木肢体上更密切的关系。

瓦尔博讷树之家。

学校自然网络和法国自然保护。

《生物多样性文化》。为多样化教育的实践，2009

他们考虑环境教育

游戏，是教育的支柱

我们可以利用游戏的娱乐性和激励性来帮助知识的积累，同时也是为了从现实、从主题中产生“空白”体验。在一个分享乐趣的休闲环境中，游戏本身就足够了，当它用在教学时，它本身并不是目的。

环境教育培训研究中心（Ifrée），主题文件，第 31 期。

环境教育游戏，2009

经常用于环境教学的游戏

▲企业游戏，基于已知的不同理念来运作。

▲合作游戏，促进团结和降低竞争。游戏参与者需要共同合作赋予环境生命，解决环境问题。

▲在户外的团队游戏，通过团队或个人模拟动物、植物、人类……

▲直接模仿游戏，“角色扮演游戏”类型，在一个既定情况里，每个人在游戏中扮演一个独立的角色。合作游戏类型通常也归位这一类中。

▲探索游戏，根据线索寻宝类型，对于一个场地的第一次研究是非常有效的。合理的测试与问题集中在所选论题的思考上。可以通过实地考察来再次发现新的知识、方法和指导技能。

科学的，概念的，系统的

科学研究方式或者实验性措施

该实践做法是在 20 世纪 70 年代由名为 OHERIC[1] 的研究方式进行整理而来：观察、假设、经验、结果、阐述、总结。因此这是不断质疑先前提出的假设的有效性，而这意味着一种预测，对可能性的想象。如果这种研究方式的优点是让教育者放心，它的缺点就是为学习者提供线性和理想化的科学研究视角。安德烈 · 乔尔登（André Giordan）解释说，我们从来没有在任何实验室里以这种方式进行试验。OHERIC 方法实际上是对事后思想的重建。当研究者找到这些疑问的答案时，以这种方式组织发表使阐述更简单。但是我们了解这个方式一直都由三个重要的阶段组成——问题、假设、论点——并伴随着多重互动。在这种情况下，我们可以进行实验，在过程中教育者邀请参与者对照所观察到的事实并对他们所研究的现象做初步介绍。从这个对比中，产生出来一系列推动经验实施的问题。还有，为了学习者建立他自己的知识体系，更重要的是，让他来回答他自己提出的问题，而不是我们向他提出问题。

---

① OHERIC（首字母缩写）：实验性的措施：观察、假设、经验、结果、阐述、总结。

概念的方式

我们可以通过以下概念模式来理解环境，如生活社区、互相依赖、营养网络、生物多样性、物质循环等的概念。这种类型的研究方式滋养着深入的环境教学。生态现象的理解非常难以实现，因为它们通常是无法观察的。游戏的研究方式加模仿和表演可以让人对复杂的科学更加熟悉。

系统的方式

该方式的目的是拥有对环境或是环境一部分的整体视野，将它想成一个可进化的系统，同时囊括了物理、化学、生物、人类，当然还有社会、经济、政治和历史的系统。这些不同的参数重叠在一起，相互起作用，来呈现一个超级有机体图像，在其中循环着和对峙着物质的、能量的、人类的、思想的和资金的流动。比起其他所有方式，系统的方式是以跨学科为原则的方式。它使用系统的表格，可以直观看到内容元素，将其排序，最后建立之相关的交流、流动和反馈。

在艺术和想象的道路上

螳螂岛

在明亮耀眼的星空下，

一棵古老的橡树，枯萎的枝丫

垂悬于有着圆圆的鹅卵石的小岛上

螳螂在那里聚集狂欢。

提奥，亚瑟，桑德拉，马尔洛。

2005 年 7 月，创作于卢河河畔（汝拉地区）

佩皮努耶特（Pépinoyotte）协会的自然露营中

想象力教学法是遐想教学，幻想手可以自己工作，文字可以自己探索，身体可以自己创造。整个人与世界陷入另一种关系，这是由默契和相似性组成的关系。水开始低声流淌着流利的话语，空气把我们带到最高的地方，土地使我们扎根让我们充满香气，太阳暖着我们的心，城市接纳我们并且让我们更加文明。教育学家成为耐心的陪伴者来编织图像，在遐想中悄悄观察，没有偏见也没有控制，但没有不负责任或者漠不关心。

多米尼克·科特罗（Dominique Cottereau）。《想象的道路》。

巴比奥出版社（Babio），1999

借助这微妙的意识器官，活跃且富于创造性的想象力，在这未被想象标记的道路上前行，来品读世界：一本好书，古代自然的书籍、西方和东方的书籍。……这种阅读不能被征服，而是只能探索……一场愉悦的教学能让我们的孩子成为世界的探索者而不是征服者！

穆罕默德·塔莱博（Mohamed Thaleb），《捷径》，第 2 期，

希尔赛之友（Les Amis de Circée），2005

故事，你讲述神话，他来想象，我们将它忘记

传说、故事、神话、地名，除了它们引起的显而易见的文化兴趣之外，它们在环境教育中也是非常宝贵的。讲述英国山楂树的“历史故事”，关注它被希腊人、罗马人、德落伊教祭司以及基督教徒给神圣化的性格。使用语言学来更好地了解拉丁语或法语的、充满了传奇的、生物学上的或是来自神话的名称。这种研究方式更多地注重全局的组成部分（增多视角）。它呼唤敏感性，唤醒想象力、恐惧感，或是大笑，并且引导发现没有魔术师的魔术：符号体系。……不管怎样，它们是需要掌握的精妙信息的来源。内容是无所不在的真理（有机的，治疗的）的一部分，确保了其持久性，而且非常幸运的是虚构的一部分描绘了它可塑性和随着时间变幻的特点。

大卫·库木建（David Kurmudjian），

《绿墨水》，第 15 期，1992 年 3 月

通过想象了解环境

绘画、模型、歌曲、故事伴随着孩子的成长，之后还会以更加丰富和更加多样化的形式伴随着青少年和成年人的发展。但是其中有两个元素没有改变：自然是表达的主要主题，想象是主要表达手段。为什么呢？因为我们的人类自然首先是文化的，我们通过讲解、通过图像、通过声音来了解世界。儿童在真正了解现实之前是通过他自己的想法来认知世界的：长颈鹿索菲（婴儿用橡胶玩具）让孩子们认识了长颈鹿，即使他们至今从来没有在现实中见到任何真的长颈鹿。通过想象和艺术实践来学习环境，从来不只是继续几个世纪以来一直做的那样去理解、去做，即“共同获取”自然或是我们祖先隐藏的秘密。儿童通过画一棵树或者一个动物来寻找的，是通过双手来触碰世界，他们学着去了解，同时也是了解他的起源，因为这是与生俱来的。

弗朗索瓦·博塔尔（François Boitard），社会学家

斟酌使用教学工具[1]

通过教学工具，这里我们指关于一切有助于教师或活动辅导员展开探索方式的工具。至于环境教育教学工具，首先要明确的是，它是帮助人更好地（或不同地）观察、解读、理解、并作用于周遭环境……但作为工具，它也要服务于它的使用者，不论是教师还是学生。在教育中，虽然工具的固有印象是手工仪器，但是在具体操作之前要经过思考。教育工具在被发明前，是通过了斟酌、甄选、测试、使用甚至被废弃、被遗忘。经常一些环境学教育者，借鉴一些已存在的，针对某些特有群体需求的教育工具，自己“制造”出一些原本不存在的教学工具。

① 往往是教育专业人士（辅导员、教师、媒介、导游……）让工具本身成为真正的教学工具！

工具用来做什么？

人类和环境之间的纽带

［根据多米尼克·科特罗（Dominique Cottereau）的理论］

如果我们回归到工具的首要用处，它是一种媒介，一种人类和物质之间的媒介。它既是人类双手、身体和思想作用于环境的延伸，同时也是人和环境维持稳定关系的“保护伞”。不过，在所有的情况下，它都会增大两者交流的可能性。对人类进程有三类影响：

▲作为媒介，它有促使产生生理上和智力上新能力的作用。

▲工具扮演重要的社交角色，因为它一旦被创造和被接受，它可以汇聚和召集周围的不同类型合作者。

▲它浓缩了人类和世界的关系；工具充满了感染力，象征和参与生活的意愿。

所以，工具并不是单独存在没有意义的事物！

环境教育者的使命是：

▲一方面，保留工具本身的载体意义，并引导它指向我们要赋予它的意义；

▲另一方面，它固有的交换角色应该从两个方向来发展，从人到环境以及从环境到人；就是说不仅要掌握它，也要把

它当作帮助理解、合作、倾听的对象。

最后，木匠手中的工具从来不会妨碍他抚摸木材，也不会影响工作。对于环境教育工具也应如此，它不应该阻碍我们倾听来自地球、来自物质世界和人类世界的呼吸！

从工具……到教学工具（根据亨利·拉伯（Henri Labbe）的理论）

我们以小路为例吧。它在什么时候具有教学意义呢？解说路线会比长途远足路线更有教学性吗？毫无疑问，不在于路本身，而往往是专业教育者（组织者、教师、媒介、导游……）的使用让它成为教学工具！一些很基本的问题有助于确定工具的特性和教学价值。它如何处理信息？它推动哪些举措？它追求的目标是什么？它针对怎样的受众？它的实施包括什么（价格、组织者的参与、培训……）？它的使用范围是地区性的、大区性的，还是全国性的？

他们考虑环境教育

谦虚、开放、好奇、交流、敏感、激发……这些是我们可以寻找的目标。知道、了解、学习、理解成为次要，而我们大部分时间却用在了这里。在环境教育中大部分的教学工具都被用来做什么？回归到本源，将孩子与大自然联系起来，与他身处的没有人工制品的自然相联系。需要武装的不是头脑，而是心需要被填满！当他们与周围环境有强烈的情感联系时才会被填满。

埃尔维·布鲁涅特（Hervé Brugnot），

“珍稀矿石（la Roche du Trésor）”休闲探索中心培训师（25）。

《绿墨水》，第47期，文章节选，2008年11月

摆脱箱子吧！教学箱、手提箱、行李箱、手袋，还有给商业代表活动负责人、高速列车培训师的打包工具箱……“好的，好的我可以给您做一个X教学箱，一节课的时间——55分钟——好的，可以没问题。”会发生什么？上帝的名字是你们，你们的五十或者八十公斤的躯体、梦想、知识、能力、勇敢……是和你们，是通过你们，他们会见面、分享、学习、成长……不要让自己服务于箱子，不要服务于其他人制造的物品和程序……

路易·埃斯皮纳苏斯（Louis Espinassous）。

给自然活动辅导员同事和环境教育者的一封公开信，

节选于《外面的孩子》，待出版

考虑全世界

教学是一门行为学科，会带来管理的不确定性，与风险并存，承担人为行动固有的随机性，因此它往往着迷于使用能够将教学方法稳定下来的工具，有时甚至在教学法中可能赋予工具以科学荣誉的名义……提倡的工具是专门为了保护

自己的手段，还是用于培训他们以获得进步的工具？安慰剂在我身上是否有效果？为了正确清晰地使用工具需要满足哪些条件？

菲利普·梅勒（Philippe Meirieu）。教育的选择。

ESF 出版社。1991

在教学工具的森林中

两类大家族

过去的十五多年以来，教学工具有了长足进展：手册、游戏、展览、博物馆、教学箱、视听材料、CD 机、互联网站、小路，以及其他在户外的设置。主题接待之家可以成为总理事会的政策工具之一。这个场所的接待之家的团队在不忘记组织活动技术的同时，自己构想出很多教学工具！

我们可以大致分成两种类型的工具：

▲可以去参观的地方或是教育者可以当作工具使用的地方：接待机构、营地之家、公园之家、探索设施、教育小径、植物的小径、资源中心、“大巴·展览”、盛大活动、研讨会……

▲工具“准确地说”，那些我们可以触碰或者带走的东西：一本书、一个箱子、一个游戏、一个 CD 机……

关于教学箱

这个术语是指一个多多少少有些体积庞大的容器。教学箱有两种类别：

▲一些用来装材料（观察和测量工具）和教学文件（书、幻灯片、电影）。这些是手提的活动钥匙或者“活动箱子”。

▲其他的可以装一些模型、物品、游戏、海报、招贴画……我们还发现一个大型活动，一个特别的活动会伴随博物馆占主导元素的物品……我们可以说它是“展览箱子”。

行李箱和手提箱最通常是用来集中放文字或者视听材料。比如在大区教学档案中心或是环境教育区域网络资源中心，我们可以借用教学箱。

当然，装满了分享同样教学文化的团队成员所有的工具和使用物料的“自制”箱子，还有由企业或是协会大批量制作和分发的箱子，其概念和使用方式是不一样的。

知道我们想要什么

那么，选择和使用哪种教学工具？我们是否应该呼吁使用工具，还是与我们同在的人类以及本身就是和环境相关的教学物品？没有现成的成功方式，但是有多种方式，直路或者弯路，捷径或者曲折。保存批判精神和提出好问题的必要性，来设置方法进程，并做出明智的选择。

他们做到了，是可行的！

消费的教学机构

1983 年以来，国家消费总署（INC）就有了清点教学工具来帮助调动消费的计划。1986 年，国家消费总署成立了联合评估委员会，用于对所编纂在册的工具评分，它是由企业代表、消费者协会、国家消费总署代表还有消费、竞争、打击欺诈执行管理部门的代表组成的。这些用于教学、信息和宣传的工具，会被评分和给予好评，区间为 1 到 20：非常棒且极力推荐；很好并推荐；可接受的；一般推荐；不推荐。如今，互联网上的教学资料馆统计了 800 种左右的工具，由受众、平台和主题来分类，其中包括：食品和农业；保护消费者权益运动；环境和可持续性发展；健康；家庭安全；交通……

他们考虑环境教育

构想一个工具：提出有意义的问题

我们用了四年来让人接受这个主题，并且制作了用于处理放射性废物和致力于公民身份的工具（由普瓦图—夏朗德大区教学档案中心编辑）。这证明了对于有争议社会问题和带来讨论的文件制作是十分困难的。这项工作也向我们证实了不能逃避与复杂问题相关的困难，还让我们在教学工具概念上取得进展。

我们能够证实的：

▲工具只是手段，而不是目的；

▲工具从来都不是中立的（不论在教学方面还是内容方面）；

▲关于工具的意义的问题需要从三个角度来提出：

1. 从含义方面：

我们为什么要做这个工具？意图是什么？人与环境之间的调和程度和放大程度是多少？在什么样的条件下？为什么和如何做？由谁来构想和谁共同来构想？

2. 从工具的导向方面：

它所带来的价值是什么？它的行为准则是什么？它符合什么样的思维模式，并且与知识有什么样的关系？相对于环境来说它如何定位？在可持续性发展中它的定位又是什么？

3. 从感觉方面：

工具的使用者能否领会设计师将自己的情感注入工具中的感觉？工具是否会给参与者情感的空间？

扬尼克·布鲁塞尔（Yannick Bruxelle），

普瓦图—夏朗德大区自然环境活动和

启蒙教育团体（GRAINE）成员

从小事开始的生态培训

生态培训更多的是教育理念，而不是教育方法，因为这个词本身意为“我们从我们周围的居住环境中接受的培训”。生态培训，为在初始语境中重新定义它的概念，它来自让-雅克·卢梭（Jean-Jacques Rousseau）在其关于教育的作品《爱弥儿：论教育》中的评定。三位导师参与了个人的教育或全方位培训：自己（自然人），其他人（家庭、学校、同事、机构）以及事物（我们周围的有形的世界）。根据加斯顿·皮诺（Gaston Pineau）的观点，每个人的成长都处于三者交叉的培训方式中：自我学习（通过自身），异培训（通过他人），还有生态培训（通过有形的世界）。

在花园中

无论什么类型的花园，人们能够更加容易地感受到在这土地上融合的大自然提取物、精油还有精华。……时间，聚集在这里，让每个人都得到休息并且欣赏季节的流逝。熟悉的，鸟的歌声、树木、蔬菜或是简单的光线的变幻，如同我们一页页翻过的日历。……梦想、孤独、忧郁、凄凉、沉思、认可或是掩盖，其中存在着机会。这些时刻超出了花园的围墙，他们打开了很多每天都会有发现的窗户。……在这种由加斯顿·皮诺（Gaston Pineau）描述的三者交叉的培训中，前两个方式（自我学习和异培训）适应起花园来，一点困难都没有。但是，生态培训会涉及每一个步骤，每一个行为，每一个看法，每一个气味。花园，无论谁进入其中，被动的、沉思的还是活跃的，创造者、给予、提供，塑造沉浸在它之中的人。

加布里埃尔·布凯（Gabrielle Bouquet）。

《绿墨水》，第36期，1999年夏

曾经有一个时期，学校的存在类似庇护所一样，封闭着它的大门，限制学生的探索和外出，甚至还计划砍掉儿童娱乐的时间，……在人生阶段中的所有年龄段，甚至更加明确的是在幼儿和青少年时期，如果没有空间上的运动经验，就无法做到最佳教育，重复再多遍都不是多余。在自然中，哪怕只是“花园”里，也是滋养爱玩的童年必不可少的肥沃土壤，没有这些，所有生态信息都是一纸空文。就是在这里，生态培训的第一阶段，他们与场所和元素相见面并建立联系。我们学习气味和颜色，形状和材料，声音和成分。我们在季节的耐心中学习，一直到将它们包含在内部命令中，可以构成自己的世界。

多米尼克·科特罗（Dominique Cottereau）。

《理性生态培训的辩证建造》。

《从孩提时代的花园到工厂的关闭》。

《住在土地上，为了全球意识的地球环境培训》节选，

加斯顿·皮诺（Gaston Pineau），

多米尼克·巴切拉特（Dominique Bachelart），

多米尼克·科特罗（Dominique Cottereau），

安妮 · 莫伦（Anne Moneyron）（合作）。

哈马坦（Harmattan）出版社，2007

属于自己的小角落

外出逗留的指令相对来说非常简单："去找一个你可以独处并且在其中你能感觉良好的角落。一旦找到这个角落，在那里待着。"有些人一个小时就找到了，其他人花了好几天。工具（书写纸、白纸、彩色铅笔）已经发给参与者，让他们来表达他们的感受。……"我可以回到我们的角落里吗？"于是开始了，沉默的小家伙们，他们全都在自己的角落里。朱莉缩在浓密的荆棘丛深处，一点都看不到我们来来去去。罗曼躲在一个沟渠的空洞中。阿迪尔问我们要彩色铅笔。上一次，他说他要建一个树林小屋并且已经画了一个彩色的草图。今天他写道："我觉得，我想要改造这个小角落，它这个样子很好，应该保护它，并且最重要的是保护奥尔水塘。"在他的画里，鸟儿们在他的头和张开的双臂上栖息，张开双臂伸向天空。

洛朗 · 马索（Laurent Marsault）。

《绿墨水》，第 31 期，1997 年春

有些时候更有利于事物教育。欣赏落日不需要活动辅导员的介入。同样在到达一个山口或是山峰的时候，发现一头比利牛斯岩羚羊或是黄水仙的花圃也令人惊奇。这些时刻经

常会在非正式时间，在小的团队中发生。在一个团队队员洗碗的时候，有些人在灌木丛下玩树叶，有些人点燃了篝火一下子点燃了气氛。……这些时光也可以独自享受。……每天，这一段时间叫作“我自己的小时刻”可以让每个人在外面独自相处 15 分钟。第一天，是强制的，之后，推荐继续。很多实习生一直到培训的最后都坚持每天 15 分钟的孤独、隔绝、返璞归真、自我修养。会有铃声来提醒这段小时光的结束。

雅克·拉尚博尔（Jacques Lachambre）。环境教负责人64。

《绿墨水》，第 33/34 期，1998 年春

评估采取的措施[1]

评估环境教育项目是复杂的，我们应该经常摸索、积累经验，来取得活动的成功。实际上，环境教育不能满足于传统评估方式，因为传统评估方式通常在学校环境里进行并且都是以考试的形式进行。这当然是因为这种形式的评估通常属于标准评估，而有时环境教育者不喜欢这样的评估教育方式。评估不是考试。评估，是“从中获取价值”，是“接收什么样的价值”。“评估是可以培训的（因为我们总会学到东西），多种多样的（因为可以表现出一种情况的丰富性），创造性的（因为总结可以改善行动）”。这段由多米尼克·科特罗（Dominique Cottereau）提出的评估介绍只能在评估给环境教育的行动、方法和内容赋予意义的时候来使用。

---

① 评估需要不断参照初始情况和所要追求的目标。

我们想要评估什么，如何评估？

对每个教育逻辑的评估

我们会根据环境的主题，通过环境或者置身于环境以及针对环境的不同情况来评估不同的内容。每个环境教育类型会侧重某些目标，要评估这些目标是否达成。

在关于环境的教育中（教学逻辑），环境被设想为知识与技能的总和，教育者想将此传授给参与者以拓展他们的知识。因此评估可以衡量这一认知学习：与包括环境在内的知识领域相关的理论知识，面对环境时的表现和行为的技能。

在通过环境和在环境中进行的教育（经验逻辑），环境被认为是人们成长、变得复杂、并贯穿整个一生与之不断互动的生活范围。于是，评估可以了解这一非正式教育过程，其中每一个个体建立了他的“世界的存在”。它涵盖了敏感的、直观的、主观的、象征的、情感的知识以及价值观。

针对环境的教育（生态—社会文化逻辑）确定了内容和方法的走向，使得参与者成为更关心环境，并将环境行为和集体管理相结合的公民。因此，该评估需要观察参与者的表现（思想、价值、知识），行为（尊重、好奇、批判精神）和技能（承诺、社会对话、问题解决）的变化。

《教育实践指南》

多米尼克·科特罗（Dominique Cottereau）指导下编纂

布列塔尼大区教学档案中心（CRDP），2004

一些标记

评估需要不断参考所观察的初始情况和所追求的目标。为了衡量进度，需要清楚地了解出发点。寻找指标也非常重要。量化指标：参与该项目的人数是多少？各种知识评估成功率是多少？同样还有定性指标，通常是很难控制的：团队成员的满意度（比如从 1 到 5 来打分），行为明显被改观，合作伙伴关系的效率。

考虑全世界

所有的评估都是判断和阐述，超越了简单的考试的逻辑，成为意义的来源。

安德烈·盖伊（André Geay），教育学副教授（图尔大学）。

环境教育培训研究中心（Ifrée），第 22 期主题材料，2006

关键字

自主，收获，传承的能力，生产，动机，参与，进步，适应，自信，尊重，倾听，行动，观察，论证，好奇心，辨别力，结合，责任，了解，思考，自我提问，交流，热情，高兴，投资，协调，操作，使用，实践，技术性，商讨，提前准备，规划，批判意义，反思，词汇，结果，效用，持续，方法，研究方法类型，恰当，团队动态，连续性，再投资，阐述，实验，解释……

他们考虑环境教育

支配还是共同责任?

由于环境教育是以责任准则为基础建立的，它鼓励我们走出支配／被支配的关系。评估需要为由公民世界的建设服务，也要为公民本身服务。因此，外界评估的孤立做法受到质疑。但是，大多数情况下只有这种方法被实践……并且被要求使用（但是请告诉我，我做对了还是做错了！）。尤其在评估的阶段，很难让所有人摆脱我们传统的主从关系。对权力的需求和对安全的需求相结合，相互补。需要将评估的权利还给学习者。

克里斯汀·帕托恩（Christine Partoune），
列日省生态教学机构老师，
《环境教育评估》节选。
《复杂性，全球性，不确定性，放开！》1998 年 10 月

他们做到了，是可行的！

塞纳河 – 诺曼底的水处理公司评估他们的水分类设备

这项研究是由独立的评估团队完成，由联合了该系统不同合作方代表和教务机关来共同指导。三个预期结果于2010年之后对外宣布：水分类对其直接和间接受益人的质量影响的评估判断；针对公司未来计划一系列战略和行动的推荐；开发未来用于水分类质量影响的监测评估工具。

评估工具

每一种教育活动的类型都需要定制化的评估工具。一些可以相互交换的评估技术都被列在指南中。在这些基础上，我们可以创造自己的评估方式。

游戏

所有游戏都可以在最初就加入评估协议中。游戏性的一面是明显的优势。即使是事先安排的，参与者也很快通过游戏忘记我们来评估他们的学习。游戏的使用通常很好地呈现真实评估内容。

问问题

这涉及回答一系列与内容、感觉、体验相关的问题……问题可以是开放式的，鼓励开放的和建设性的答案。他们也可以是非开放性的，比如多选题，很多选项提供给参与者考虑。

图表

使用简单明了，他们可以清晰显示一个团队在行程中的任何一个时刻的状况，一目了然。总的原则就是记录个人评估，通过事先准备的表格或是在海报上以整体的方式呈现出来。

投射评估

投射评估鼓励人们结合内容的主观性与客观性来表达他们的担忧。而且，表达我们所爱的，我们所感受、担心的东西通常会让我们意识到对内容的陈述或是个人关系，消除障碍，促进个人表达，激发创造力或是批判精神。

通过评估进行评估

这种方法涉及对正在进行的情况或是已经落实的生产进行评估。第一步，我们观察并且对已经发生的做评注。第二步，用特殊的方式（舞台上、展览、海报）通过预先列出我们想达到的目标来评估学习期的成果。这是最适合项目教学的方式之一，项目的结束是另一段学习的开始。

出自《评估实践手册》。《环境教育项目》
多米尼克 · 科特罗（Dominique Cottereau）指导下编纂
布列塔尼大区教学档案中心（CRDP），2004

需要补充的句子

有的前半句邀请参与者们以开放的方式补充完后半句。这种方式有助于表达感情并且提倡自由的，无导向的表达。

今天我们做了……

我之前喜欢……

我之前不喜欢……

这个环境对我来说……

今天的主题是……

我觉得有些难……我有些无聊……

我害怕……

我可能会喜欢……

团队是……

之前我没有意识到……

对我印象最深的是……

我想起……

出自《评估实践手册》。《环境教育项目》

多米尼克·科特罗（Dominique Cottereau）指导下编纂

布列塔尼大区教学档案中心（CRDP），2004

“同心圆”方式（雷达图）

用于帮助评估的一个或多个定义标准的实用小工具，它是含有五个同心圆的图，通过半径来表示评估的标准。参与者可以用分数来表示他们对每个项目满意程度（从内到外，满意程度递增）。之后，他们再把这些分数通过直线连接起来形成一个图形。面积越大表示对评估标准的满意程度越高，所得到的图形在需要时可进行比较和叠加。

制作图片、样式见原版图书第 235 页。

内容，节奏，教育者，环境，工具，方法

自我评估的工具：能力表格

	是	否	+ 或 −
我获得了自然基础知识			
我熟悉了植物和动物的测定工具			
我熟悉了工具和教学研究方法			
我感觉可以掌握简单的自然活动			
我设法让自己成为自然活动实施中的专业动力			
我感觉有能力在教育领域解释自然介入的好处			
我有意愿在一个专业的环境中发展自然项目			

附录

参考文献

第比利斯大会（1977）

关于环境和发展的里约声明（1992）

二十一世纪议程（里约，1992）

环境对策会议

全国教育通函

▲为可持续性发展的环境教育（EEDD）普及，2004

▲可持续性发展教育（EDD）普及第二阶段，2007

蒙特利尔声明，蒙特利尔第一届全球环境教育（1997）

卡昂召集，全国第二次可持续性发展环境教育会议，2009年10月

呼吁参与者参加卡昂下诺曼底全国会议，旨在推进可

持续性发展环境教育进程

▲我们，地球上的男性和女性公民承诺为了可持续性发展环境教育的推进大会，今天在卡昂隆重召开。

▲我们声明，为了环境教育和为了所有人的可持续性发展共同行动，在每一个地方，在人生的每一个阶段，面对生态、社会和经济挑战。

▲我们声明，实施非商业化、人权、博爱、团结、非宗教化和崇高的教育刻不容缓。

▲我们声明，实施吸引惊喜、游戏和愉悦来发展想象力、创造力和表达能力的多样化教学刻不容缓。

▲我们声明，实施以和自然、现实、实地实践相联系为基础的活动教学刻不容缓。

▲我们声明，实施以环境了解为方向的科学教育，可以帮助个人获得自主能动性的必要工具刻不容缓。

▲我们声明，实施推动尊重他人、会议、分享和交流的实践刻不容缓。

▲我们声明，实施在所有的教育项目区域中考虑到参与者的复杂性、多样性并且推动合作关系和商议刻不容缓。

▲我们声明，“共同行动”学习期和合作能力，合作建设以及向其他人打开文化的大门刻不容缓。

▲我们声明，实施面向所有人的环境教育和可持续性

发展可以在生活中以及辖区中应用，并且能传播启蒙教育并与其他人共同行动刻不容缓。

▲我们声明，在民主环境下，实施解放思想的教育，可以使每个人充分考虑挑战、参与辩论、决定充分行使批判精神和判断力刻不容缓。

▲我们，教育的参与者，注意需要“重新吸引世界”，我们承诺重织人类和自然、文化之间的联系。

▲我们要求对几十年来一直朝着这个方向努力的人充分认可。

▲为了最终将斯德哥尔摩、里约和约翰内斯堡的宣言转化为实践，我们号召地球上所有男性女性公民行动起来，并且投入到以可持续性发展为目的的环境教育中去。

集体创作，2009 年 10 月 29 日于卡昂

学校自然网络介绍

学校自然网络（REN）是法国协会致力于将以可持续性发展为目的的环境教育中的众多重要元素整合在一起，目的是更好地在可持续性发展领域共同合作工作。学校自然网络成立于 1983 年，一些教师、活动辅导员、环境管理负责人强烈意识到环境被破坏，并且他们在环境领域有教学实践经验，于是他们有意愿将他们的思考、行动和教育项目汇集起来。

很快，它就拓展为拥有可持续性发展环境教育多样化参与者的组织。它如今汇集了26个地区可持续性发展环境教育网络（大区—大区自然环境活动和启蒙教育团体—省），当地机构，国家协会，个人还有一些团体和企业。

学校自然网络的目标是发展可持续性发展环境教育，并且推动所有参与人员事物（国家会议、合作培训、合作互联网、传播名单……）之间的关系和互助互惠，通过建立资源（教育设置关于垃圾的“滚球”项目和关于水资源、集体作品的“打水漂”项目……），通过支持可持续性发展环境教育协会并且参与建立国家可持续性发展环境教育，面向法国团体旨在向可持续性发展方向的环境教育［法国可持续性发展环境教育团体（CFEEDD）］而努力。

通过25年的活动，它所代表的成员网络，学校自然网络保证了在法国和法语区国家动力的环境教育第一计划的运作。

基本法则，保证道德规范和品质

在学校自然网络框架下进行的所有活动都被写入基本法则中，该基本法则于1992年集体拟定。

基本法则，是法国可持续性发展环境教育参与者们和网络项目名副其实的参考，介绍了学校自然网络的道德规范、意识和哲学。该基本法则的起草包含了个人与集体的各个阶段的思考，全国网络的所有成员，大区和省内的群体网络的共同成果。

地区环境教育网络

可持续性发展环境教育的参与成员网络于20世纪80年代启动。

如今，27个活跃且开放的地区网络，以协会的形式组织起来，和数百个来自各方的环境和教育领域参与成员有联系（协会、团体、公共机构、企业、教育者、教师……）

环境教育地区网络的结构和运作

在群体网络中“共同合作”的方式很好，但是在这些群体网络规模等级之间的联盟关系并不是很多。如果所有大区网络都加入国家级别，省内网络加入大区级别，那么“横向”和“参与式”的运作方式就可以让所有参与成员在其对应的区域级别进行投资。所有的参与者，个人或是机构，都可以参与到省、大区或者国家团体网络的项目或者决策机构。

在每个网络内部，这种文化通过由网络成员组成的“委员会和工作团队”来体现通过这些委员会负责项目的设计和实施。因此，董事会、最终决策者、法定代表人和参与者代表，都是现场动态的协调者。

因此，这种系统的特点是动力和参与的平衡，其中每个群体网络都参与到与其区域级别相符合的项目中去。

每一个群体网络都用自己的方式组织活动。但是，为了推动他们经验的汇总，强调他们共同的身份，还有他们面对合作伙伴时的可读性，这些地区网络在2007年编写一份共同活动报告。

下一份共同活动报告于2010年落实。

参考书目

思考

关于教育，培训，敏感性

阿斯托菲·让－皮埃尔（主编），《教育与培训：新问题，新职业》，ESF出版社，2003。

尚比·菲利普（主编）/艾特维·克里斯蒂安娜，《教育与培训百科全书》，那唐大学出版社，1997，1097页。

乔尔登·安德烈，《学习》，贝兰出版社，2000，254页。

法国新教育团体/雅卡尔·阿尔伯特（作序），《构建知识，构建公民身份：从学校到城市》，社会专栏，1996，315页，莱加德斯·阿兰/西蒙娜·劳伦斯/阿斯托菲·让－皮埃尔（作序），《学校现实考验：教授热门问题》，ESF出版社，2006，246页。

梅勒·菲利普，《教学法，说与做之间：入门的勇气》，ESF出版社，1996，281页。

梅勒·菲利普，《教育的选择：道德与教学》，ESF出版社，1999，198页。

梅勒·菲利普，《世界不是个玩具》，德斯克雷·德·布鲁尔出版社，2004，359页。

梅勒·菲利普，《创办学校，建立班级》，ESF出版社，

2004，188页。

梅勒·菲利普和阿凡兹尼·盖，《学习……是的，但如何学》，ESF出版社，1987，192页。

莫林·埃德加，《未来教育七项必知》，瑟尔出版社，2000，129页。

鲁阿诺-博巴兰·让-克洛德（主编），《教育与培训：教育与培训的知识与辩论》，人文科学出版社，1998，540页。

特罗克姆-法伯·海伦《重新创立学习职业》，组织出版社，1999，269页。

特罗格·文森特等，《教育培训历史》，人文科学出版社，2006，272页。

关于环境教育

巴尔比·雷内（主编）/皮诺·加斯顿（主编），《水资源生态培训师》，哈马坦出版社，2001，349页。

科特罗·多米尼克，《交替学习：项目教学与生态培训教学》，学校自然网络，2007，57页。

科特罗·多米尼克，《海洋基础知识学习，生态培训与课程》，社会专栏出版社，1994，130页。

科特罗·多米尼克，《土地与海洋培训：交替生态培训师》，哈马坦出版社，2001，166页。

乔尔登·安德烈/克里斯蒂安·苏雄，《环境教育：面向可持续性发展》，戴尔格拉夫出版社，2008，271页。

伊夫·吉罗特和塞西尔·福尔丹-德巴尔，《全国范围环境教育现状与前景》，国家自然历史博物馆出版社，2006，38页。

豪特库尔·让-保罗和其他合作撰写，《阿尔法2000：日常生活中的生态教育》，魁北克教育部—教科文组织中心，2000，348页。

勒蒙尼尔·弗朗索瓦兹，《在环境中教育》，胡萝卜羽毛笔出版社，2006，49页，为自然与探索门店制作的手册

皮诺·加斯顿（主编）/布伦特兰·格鲁·阿尔莱姆（作序），《空气：生态培训论文》，帕伊德亚出版社，1992，269页。

皮诺·加斯顿/巴切拉特·多米尼克/科特罗·多米尼克，《居住在地球上：陆地生态培训以提高星球意识》，哈马坦出版社，2005，291页。

学校自然网络，《培训者之路：环境教育培训师历史与实践》，学校自然网络，2007，137页。

露西·索维和蕾妮·布鲁内尔，（主编）《环境教育：观点，研究，反思》，蒙特利尔魁北克大学。

索维·露西，《环境教育：教学设计元素》，凯兰出版社，1994，361页。

索维·露西，《中学环境教育：环境教育参与模式》，

逻辑出版社，2001，310页。

苏雄·克里斯蒂安（合作撰写）/罗比雄·菲利普（合作撰写）/齐卡·尤兰达（合作撰写）。《教育与环境：公民行动的6点建议》，查尔斯·利奥波德·梅耶出版社，2002，168页。

联合国教科文组织，《面向可持续发展，联合国十年教育规划（2005年1月—2014年12月）：十年国际实施计划草案参考范围》，联合国教科文组织，2003。

关于价值，道德规范

《萤火虫》尼古拉·卡格农，出版主编。特刊。《环境教育，分享价值……：中央大区自然环境活动和启蒙教育团体环境教育者经验》，中央大区自然环境活动和启蒙教育团体，2008，50页。

梅勒·菲利普，《教育选择：道德与教学》，ESF出版社，1999，198页。

《绿墨水》，安东尼·卡萨尔，出版主编，第47期，文章：环境教育一致性：从说到做，学校自然网络，2008，82页。

学校自然网络/下诺曼底大区自然环境活动和启蒙教育团体，《实践与道德……环境教育实践者寻求价值一致性》，学校自然网络，2009，66页。

关于人类 / 自然的报告（参考：自然人类学）

雅卡尔·阿尔伯特，《世界的时间结束了》，瑟尔出版社，1991，179 页。

特拉森·弗朗索瓦，《自然的恐惧》，地球之血出版社，2007，270 页。

特拉森·弗朗索瓦，《与自然同归于尽》，地球之血出版社，2008，270 页。

特拉森·弗朗索瓦，《反自然文明》，地球之血出版社，2008，270 页。

关于承诺，公民生态责任

阿卡巴特·奥雷利 / 洛朗蒂·瓦内萨，《大众环境意识：如何更好地了解个体？》朗格多克－鲁西永大区自然环境活动和启蒙教育团体网站，2006。

布德罗·加斯顿，《环境教育行为改变》，蒙克顿大学网站，2002。

布德罗·加斯顿，《一般行为改变》，蒙克顿大学网站，2002。

法国新式教育团体 / 雅卡尔·阿尔伯特（作序），《构建知识，构建公民身份：从学校到城市》，社会专栏，1996，315 页。

焦耳·罗伯特-文森特/博伏瓦·让-莱昂，《诚实人操控短论文》，格勒诺布尔大学新闻处，2002，286页。

《可持续杂志》，苏珊娜·乔丹，出版主编，第23期，文件：生态学：从意识到参与，2006年12月—2007年1月，2月。

普鲁讷·黛安娜，《环境行为采纳：动机，障碍和促进因素》，国际法语区环境教育研究网络，2006。

学校自然网络/罗讷—阿尔卑斯大区自然环境活动和启蒙教育团体，《生态公民身份：旨在促进日常参与的教育？》，学校自然网络，2007，66页。

《共生》，乔艾尔·范·登·伯格，出版主编，第70期，文件：《如何改变行为？》，意德网络，2006年3月、4月、5月。

挑战

人类进步，团结，公正

《可持续杂志》，苏珊娜·乔丹，出版主编，第26期，文件：文化生物多样性赞词，2007年8月、9月、10月。

阿尔萨斯发展教育平台，《促进国际发展和团结教育：建立对世界开放的公民身份》，阿尔萨斯大区教学档案中心，2000，52页。

《发展教育和国际团结：小学、初中、高中课外时间教学指南》，全国教育文化出版资源属，2004，102 页。

萨巴蒂尔－马卡诺·卡琳 / 哈蒙·洛伊克，《脚踏实地：蒂莫在大脑里的世界历险记》，艾尔卡出版社，2004，69 页。

萨巴蒂尔－马卡诺·卡琳 / 哈蒙·洛伊克，《如果教育改变世界？》，艾尔卡出版社，2008，71 页。

《共生》，乔艾尔·范·登·伯格，出版主编，第 76 期，文件：《南方在这一切中？》，意德网络，2007 年 9 月、10 月、11 月。

《共生》，乔艾尔·范·登·伯格，出版主编，80 期，文件：《不稳定性：环境问题？》，意德网络，2008 年 9 月、10 月、11 月。

生物多样性

波里曼斯·伊夫，《创造教育储备……在自然中心的实验室》，比利时国际自然基金会，1995 年，44 页。

学校自然网络，《生物多样性文化：多样化教育实践》，学校自然网络，2009，65 页。

起绒草出版社，《生物多样性环境：给自然空间！》，起绒草出版社，2005，文件柜 1，141 页。

《绿墨水》，安东尼·卡萨尔，出版总编，第 48 期，学校自然网络，2009，82 页。

大区自然保护联盟，《自然无国界：保护生态走廊》，大区自然保护联盟，2005。

拉克鲁瓦·杰拉德/阿巴迪·卢克，《生物多样性汇总》，国家科学研究中心，2005，63页。

马蒂·帕斯卡/薇薇安·弗兰克·多米尼克/勒帕特·雅克/拉雷尔·拉斐尔，《生物多样性：目标，理论，实践》，国家科学研究中心，2005，261页。

《共生》，乔艾尔·范·登·伯格，出版主编，文件：物种与人类：受到威胁的生物多样性，第64期，意德网络，2004年9月、10月、11月。

瓦德罗·克劳德－玛丽，《濒危物种！法国生物多样性调查》，信息手册，2007，140页。

气候变化

丹赫兹·弗雷德里克，《气候变化图册：从全球到当地：改变行为》，奥特蒙出版社，2009，87页，+1张气候城市（Clim'City）DVD。

费特曼·乔治，《气候一小步》，南方会刊（Actes Sud），青少年出版社，2005，68页。

《环境教育培训研究中心主题档案》，米歇尔·霍托兰，出版主编，第27期，环境教育与气候改变，环境教育培训研究中心，2007年9月、10月、11月。

格朗特·蒂姆（主编）/里特·约翰·盖尔（主编），《学校新思路：应对气候变化的活动与项目》，多面世界—联合国教科文组织，2001，75 页。

小机灵鬼（法国），《多 1 度：气候变化教学箱》，生物活动集团（Bioviva），2002，1 个教学箱。

拉布尔丁·萨宾，《气候变化：了解并行动》，德拉乔和涅斯特出版社，2005，286 页。

法国气候行动网络，《气候变化：信息与意识总汇》，法国气候行动网络，2007，61 页。

鲁吉·盖尔 / 杜布·洛朗 / 阿卡夏·塞巴斯蒂安，《伊巴人的迁徙》，国际极地基金会，2005，46 页。

《共生》，乔艾尔·范·登·伯格，出版主编，第 79 期，文件：气候变化：围观者还是行动者？意德网络，2008 年 6 月、7 月、8 月。

自然和能源资源

阿尔萨斯大区自然与环境启蒙教育协会手册，第 9 期，《1，2，3……能量！》阿尔萨斯大区自然与环境启蒙教育协会，2005。

巴雷·贝特朗，《能源图册：什么样的选择对应什么样的发展？》，奥特蒙出版社，2007，79 页。

布朗雄·大卫，《世界水资源图鉴：所有人的水资源？》，奥特蒙出版社，2009，79 页。

大里昂城市委员会,《生态公民护照:我把星球拿在手里!》,大里昂城市委员会,2007。

库斯托·让-米歇尔等,《世界海洋图鉴:制定可持续的海洋星球政策》,奥特蒙出版社,2007,79页。

杜波依斯·让-卢克等,《从土壤到树木:物质的转化》,弗朗什—孔泰大区教学档案中心,2002

费特曼·乔治,《海洋与大洋一小步》,南方会刊(Actes Sud),青少年出版社,2006,70页。

大区自然保护联盟,《土壤告诉我:探索土壤和居民》,大区自然保护联盟,2009,文件柜1。

格朗多克—鲁西永大区自然环境活动和启蒙教育团体,《能源及其控制》,格朗多克—鲁西永大区教学档案中心,2004,165页。

奥克尼,《在生态足迹的路线上》,奥克尼出版社,2004,30页。

国际水资源项目基金会/学校自然网络/教员日记,水资源教育:教学指导:法国水资源项目,国际水资源项目基金会,2008,48页。

鲁兰·阿兰(联合撰写)/多索·米雷耶(联合撰写)/拉玛尔·拉巴(联合撰写)《拯救土壤以保护社会》,查尔斯·利奥波德·梅耶出版社,2002,126页。

《共生》,乔艾尔·范·登·伯格,出版主编,第65期,文件：环境教育里存在能量，意德网络，2004/2005 年冬。

理性消费

消费行为，对消费的反思教学资料：针对高中教师，消费行为，2005。

学校自然网络，滚球：消费研讨会，学校自然网络。

《环境教育培训研究中心主题档案》，米歇尔·霍托兰，出版主编，第 24 期，教授可持续性消费，环境教育培训研究中心，2006 年 9 月、10 月、11 月、12 月。

雷恩环境消费之家，《可持续发展的不同消费方式》，雷恩环境消费之家，2004，38 页。

媒体生态和科技协会 / 联合国环境署 / 联合国教科文组织，《青年 X 改变：生态与生活方式（手册）》联合国教科文组织—联合国环境署，2004，56 页。

萨巴蒂尔 – 马卡诺·卡琳 / 哈蒙·洛伊克，《白金色的衬里：衣服的隐藏面》，艾尔卡出版社，2007，59 页。

萨巴蒂尔 – 马卡诺·卡琳 / 哈蒙·洛伊克，《盘中的脚：食物的隐藏面》，艾尔卡出版社，2007，75 页。

《共生》，乔艾尔·范·登·伯格，出版主编，第 52 期，文件：理性消费，意德网络，2001 年 9 月、10 月、11 月。

世界观察研究所，《消费杀手：有些人的生活方式如何摧毁其他人的，理性消费指导》，查尔斯·利奥波德·梅耶出版社，2005，261页。

遗产

《环境教育培训研究中心主题档案》，米歇尔·霍尔托尔，出版主编，第7期，环境教育局，环境教育培训研究中心，2000。

现代学校合作研究中心，《一千个风景名胜》，PEMF出版社，2000。

查尔斯之心等，景观：布景还是挑战？TDC杂志，1997，第738期。

农业部，《乡村遗产观察指南》，农业、食品、渔业部，1999，112页。

农业部，《乡村遗产价值指南》，农业、食品、渔业部，2001，176页。

庞希·海伦等，《在小学、初中、高中学习遗产》，弗朗什—孔泰大区教学档案中心，1999，123页。

《共生》，乔艾尔·范·登·伯格，出版主编，第43期，文件：遗产：探索工具，意德网络，1999年夏。

参与性

巴雷特·菲利普，《领土对话实用指南：环境与地方发展的协商与调解》，法国基金会，2003，第136页。

汉诺耶·弗朗索瓦，《组织参与性项目：说明书》，ADELS 出版社，2005，139 页。

勒乐·克劳丁，《公民身份教育》，第 3 卷，《5—14 岁人群合作与参与》，德博客出版社，2008，240 页。

《普瓦图—夏朗德大区自然环境活动和启蒙教育团体信件》。文森特·卢顿，出版主编，第 17 期，参与：环境教育观点、举措、实践，普瓦图—夏朗德大区自然环境活动和启蒙教育团体，2008。

《筹备并组织参与式民主决策会议—实践情况表》，学校自然网络网站，2005。

斯洛肯·尼基 / 卢肯斯梅尔·卡罗琳 / 海斯特贝克·萨拉 / 埃利奥特·贾尼丝，《参与方式：用户指南》，鲍杜安国王基金会，2006，201 页。

《共生》，乔艾尔·范·登·伯格，出版主编，第 82 期，参与，抵抗：所有人都在玩政治，意德网络，2009 年 3 月、4 月、5 月。

《领土》，席琳·布莱永，出版主编，第 478 期，文件：儿童参与：如何比教学走得更远？阿黛尔出版社，2007 年 5 月。

联合国欧洲经济委员会，《享有健康环境的权利：决策程序的信息与公众参与及环境问题裁决的奥胡斯公约简化指南》，联合国欧洲经济委员会，2006，28 页。

可持续性发展概念

阿诺·保罗/维耶特·伊维特，《可持续发展图鉴》，奥特蒙出版社，2008，87页。

布伦特兰·格鲁·阿尔莱姆（记者），《所有人的未来：联合国世界环境与发展委员会报告》，江河（FLEUVE）出版社及魁北克出版社，1998。

斯特恩·凯瑟琳，《可持续发展一小步》，南方会刊（Actes Sud），青少年出版社，2006，69页。

维耶特·伊维特（联合撰写）等，《了解可持续性发展》，阿基坦大区教学档案中心，2008，238页+1张CD。

行动者

亚当·米歇尔，关联系统的复杂性：需要重新考虑的资源，《大区残障与融入研究和活动中心手册》，2001，第6期，42页。

亚当·米歇尔，《社会协会形象：资深积极分子旅行日记》，哈马坦出版社，2003，255页。

亚当·米歇尔，合作与协作：面向新的技术，《大区残障与融入研究和活动中心手册》，2004，第8期，83页。

巴雷·斯特凡/罗森菲尔德·帕特里克/特拉蒙德·弗朗索瓦-泽维尔/欧帕尔协会，《文化协会与企业赞助：如何寻求私人合作伙伴关系？》，国家文化环境资源保护中心，2008。

巴特尔·安妮/巴朗斯基·劳伦斯，《如何集体游戏》，组织出版社，2005，205页。

布凯·皮埃尔/梅勒·菲利普（作序），《可持续发展学校社区：构想环境教育计划》，社会专栏，2008，155页。

布鲁塞尔·扬尼克/费尔兹·皮埃尔/拉波斯托尔·维洛妮可，《协会和企业：对合作关系的交叉观点：在环境教育背景下进行的研究和行动》，学校自然网络，2009，105页。

卡拉梅·皮埃尔（联合撰写）等，《区域：以本地思考为全球行动》，查尔斯·利奥波德·梅耶出版社，2005，189页。

弗洛拉克教学实验中心，《培训，合作关系和区域：行动指南》，农业教育出版社，2001，130页。

国家环境资源保护中心/阿尔萨斯大区自然与环境启蒙教育协会/学校自然网络，《环境协会与大众权利之间合作关系与合约关系的理论研究：经验反馈，实践分析和保障合作伙伴关系的建议》，国家环境资源保护中心，2008，90页。

法国环境教育团体，《环境教育发展全国行动计划：提案》，法国环境教育团体，2002，31页。

21 世纪委员会,《企业和可持续发展》，第一卷，21 世纪委员会，2002，58 页。

21 世纪委员会,《企业和可持续发展》，第二卷，21 世纪委员会，2004，138 页。

21 世纪委员会,《领土和可持续发展》，第一卷，21 世纪委员会，2001，52 页。

21 世纪委员会,《领土和可持续发展》，第二卷，21 世纪委员会，2003，116 页。

21 世纪委员会 / 沙凯 · 安妮 · 玛丽（主编),《领土和可持续发展》，第三卷，21 世纪委员会，2004，108 页。

德尔福格 · 格雷戈里 / 国家环境资源保护中心,《面向可持续性发展环境教育——现状：活动、经济和就业》，AVISE 出版社，2008 年 5 月，17 页。

《绿墨水》，安东尼 · 卡萨尔，出版主编，第 45 期，文件：领土，2002—2003 年冬。

《罗讷—阿尔卑斯大区自然环境活动和启蒙教育团体文件》，弗雷德里奥 · 马尔代耶，出版主编，第 6 期，文件：商议与环境教育：分享新的实践！罗讷—阿尔卑斯大区自然环境活动和启蒙教育团体，2009 年第二学期。

《昂热 21 杂志》（欧洲优秀实践观察站），让 - 克劳德 · 安东尼尼，出版主编，昂热市编辑。

《环境教育杂志：观点、研究、反思》，露西 · 索维和蕾妮·布鲁内尔，出版主编，第3期，环境教育合作伙伴关系，蒙特利尔魁北克大学，2001—2002，284页。

苏·罗杰，《人类财富：面向四元经济》，奥迪·雅各布，1997，204页。

苏·罗杰，《重建社会纽带：自由、平等、联合》，奥迪·雅各布，2001，254页。

群体网络

巴托列蒂·朱利安（联合撰写），《网络和人：思考协会和机构网络有效性条件的要素》，查尔斯·利奥波德·梅耶出版社，1997，75页。

学校自然网络，《在网络中运行：来自环境教育地区网络经验》，学校自然网络，2002，108页。

学校自然网络，《环境教育地区网络：为地区可持续性发展行动：2007年联合活动汇报》，学校自然网络，2008，35页。

希伯－萨弗林·克莱尔（合作撰写）/皮诺·加斯顿（合作撰写），互惠与网络的形成，《长期教育杂志》，2000，第144期。

于斯特·杜兹·埃马纽埃尔，《网络人：在复杂中思考和行动》，社会专栏，1999。

勒米厄·文森特，《社会行动者网络》，法国大学新闻处，1999。

纽施万德尔·克劳德，《行动者和变化：网络短评》，瑟尔出版社，1991，243 页。

地区群体网络规律性地发表简报和杂志，他们给实地参与者话语权，目的是让人们看到，交流观点和想法，来培养思考并推动行动。

在别处

法国可持续性发展环境教育团体，《旨在促进法语国家共享可持续性发展环境教育的非政府组织 2: 第二届国际法语区环境教育论坛会议记录，巴黎，教科文组织，2001 年 11 月 21 日—23 日》法国环境教育团体（法国可持续性发展环境教育团体），2002，1 张 CD。

里卡德·米歇尔（合作撰写）和丹尼斯－勒珀勒·杰奎琳（合作撰写），《可持续发展教育共同行动：波尔多国际会议记录，2008 年 10 月 27、28、29 日》，生态部，2009，494 页。

维达尔·米歇尔 / 阿贝尔－康多兹·克莱 / 帕尔多·克尔杜拉，《环境教育：欧洲教学使用指南》，农业教育出版社，2000，110 页。

学校领域

巴赞·丹尼尔/维尔科特·让·伊夫，《面向可持续发展教育：跨学科的方法与工具》，大区教学档案中心，亚眠，2007，230页。

查伦·丹尼斯/查伦·杰奎琳/罗宾·让-保罗，《环境教育：再谈教育法》，大区教学档案中心，格勒诺布尔，2005，180页，

《环境教育杂志：观点、研究、反思》，露西·索维和蕾妮·布鲁内尔，出版主编，第6期，文件：环境教育和学校研究院，蒙特利尔魁北克大学，2006—2007，284页。

伊泽尔省大区自然保护联盟，《学校项目中的环境教育》大区教学档案中心，格勒诺布尔，2004，84页。

环境教育研究培训中心，《高中环境和可持续发展教育》，环境教育研究培训中心，1998，107页。

《教员日报》，凯瑟琳·卢塞特，出版主编，第1581期，文件：学校拯救地球，教员日报，2004年10月。

厄泽尔的生态学家，《初中和高中的环境教育——普及教育和农业教育》，厄泽尔的生态学家，2000，56页。

国家教育部—学校教育总局，《环境教育，面向可持续性发展》，下诺曼底大区教学档案中心，2005，118页。

朗诺·布鲁诺，《可持续性发展教育关键》，普瓦图-

夏朗德大区教学档案中心 / 哈谢特出版社，2004，143 页。

露西·索维（主编）/ 伊莎贝拉·欧蕾拉娜 / 卡尔曼·莎拉，《环境教育：学校和社区：建设性的动态：实践和培训指南》，赫尔图必斯出版社，2001，175 页。

大众普及教育

邦纳分·杰拉德，《考虑大众普及教育：人文主义与民主》，社会专栏，2006。

黛丽基·费尔南德，《垃圾种子：对想要种植这些种子的教育者的建议》，杜诺德出版社，1998，265 页。

莱特里耶·让－米歇尔，《家伙，接招！大众教育白皮书》，工作坊出版社，2001，174 页。

《休闲教育》，2009 特刊，教员特刊，文件：在可持续发展的道路上，在户外的青少年，2009 年 1 月。

弥农·让－玛丽 / 普约尔·吉纳维芙（作序），《大众普及教育历史》，探索出版社，2007。

《面向新式教育》，第 521 期，文件：环境教育，活动教育方法培训中心，2008。

教学法

趋势

博特·让，《当代教学趋势》，社会专栏，1998，184 页。

《教育世界》，360期，文件：另一个学校，世界报，2007年7月8月。

雷斯韦伯·让-保罗，《新式教学法》，法国大学新闻处出版社，2007（第六版）。

维奥·玛丽-劳尔，《给我孩子不一样的学校？蒙特梭利，弗莱内，斯坦纳……》，纳森出版社，2008。

方法和措施

布林日尔·让-皮埃尔，《解说概念和方式》，自然空间技术研讨组，1988，68页。

卡特·詹姆斯，《地方精神：规划地区的呈现》，自然空间技术研讨组，2005，96页。

卡尔杜·安妮/凯尔·凯瑟琳/特劳特曼·艾蒂安，《指导解说项目：通过梦想和情感传承》，大区乡村发展资源中心（罗讷-阿尔卑斯大区），2001，24页。

科特罗·多米尼克，《学校场所，生态培训和海洋课程》，社会专栏，1994，130页。

科特罗·多米尼克（主编），《交替学习：项目教学和生态培训教学》，学校自然网络，2007年重印，57页。

德·维奇·杰拉德/乔尔登·安德烈，《科学教学：如何使其"行得通"？》，戴尔格拉夫出版社，2002，271页。

学校自然网络，《通过项目教学实施环境教育：自由之路》，学校自然网络，1996。

《绿墨水》，安东尼·卡萨尔，出版主编，第40期，文件：解说，学校自然网络，2001。

北部—加莱海峡大区自然保护区，《遗产呈现方式：从理论到实践》，北部－加莱海峡大区自然保护区，1999，62页。

环境教育培训研究中心主题档案，米歇尔·霍托兰，出版主编，第19期，环境教育解说，环境教育培训研究中心，2005年1月。

环境教育培训研究中心主题档案，米歇尔·霍托兰，出版主编，第22期，环境教育评估，环境教育培训研究中心，2006年1月。

乔尔登·安德烈（1999），《实验科学教学法》，贝兰出版社，1999，239页。

乔尔登·安德烈/柯奇德－康特·玛丽琳，《幼儿园科学教育》，戴尔格拉夫出版社，2002。

普罗旺斯－阿尔卑斯－蔚蓝海岸大区自然环境活动和启蒙教育团体，《导航指南：建立行为改变教育与意识项目的方法学基准》，普罗旺斯－阿尔卑斯－蔚蓝海岸大区自然环境活动和启蒙教育团体，2008，66页。

基尔·劳伦斯，《大自然的惊讶：有关环境教育》，厄泽尔的生态学家，2000，录像带，27分钟。

《罗讷—阿尔卑斯大区自然环境活动和启蒙教育团体

文件》，弗雷德里奥·马尔代耶，出版主编，第4期，可持续发展环境教育教学法：实践的意义，罗讷—阿尔卑斯大区自然环境活动和启蒙教育团体，2008年第二学期。

《环境教育：观点，研究，反思》露西·索维和蕾妮·布鲁内尔，出版主编，第2期，文件：环境教育评估。蒙特利尔魁北克大学，2000。

研究方法

阿曼诺·克里斯汀，《植物玩具：制造的历史和秘密》，胡萝卜羽毛笔出版社，2009，172页。

巴兰·维洛妮可/丹托·纳塔莉，《我的艺术花园》，胡萝卜羽毛笔出版社，2006。

伯恩哈德·让-雅克，《玩游戏：新的教育和社交范围》，纳森出版社，1994，236页。

博塔尔·弗朗索瓦和博顿·让-克洛德，《环境教育中的想象力：圆桌会议》，普瓦图-夏朗德大区自然环境活动和启蒙教育团体，2003。

布鲁日·吉尔，《玩耍/学习》，经济出版社，2005，176页。

卡雷·帕斯卡，《星球游戏指南：我们孩子手中的可持续发展》，伊夫·米歇尔出版社，2008。

乔利·莫里斯等（合作撰写），《阶段2和阶段3的娱乐、感官和自然主义活动》，弗朗什－孔泰大区教学档案中心，1999。

康奈尔·约瑟夫，《和孩子一起的自然生活：探索计划》，汝汶斯出版社，1995，160页。

科特罗·多米尼克，《想象的道路：想象教学和环境教育》，巴比奥出版社，1999，75页。

库德尔·苏珊，《自然漫步，以发现六个生态基本概念》，环境治理，

多纳根·让，《用物体说话：生动的叙述》，艾迪苏出版社，2001，239页。

埃斯皮纳苏斯·路易，《道路》，鸢出版社，2007，352页。

《环境教育培训研究中心主题档案》，米歇尔·霍托兰，出版主编，第17期，环境教育中艺术与自然，环境教育培训研究中心，2004年5月至8月。

《环境教育培训研究中心主题档案》，米歇尔·霍托兰，出版主编，29期，环境教育和旅行手册，环境教育培训研究中心，2008年5月至12月。

《环境教育培训研究中心主题档案》，米歇尔·霍托兰，出版主编，第31期，环境教育游戏，环境教育培训研究中心，2009年5月至8月。

《环境教育培训研究中心主题档案》，米歇尔·霍托兰，出版主编，第32期，故事，环境教育培训研究中心，

2009年9月至12月。

《教员日报》，凯瑟琳·卢塞特，出版主编，第1579期，文件：通过感官的科学，2004年6月。

让·乔治，《想象的教学》，卡斯特曼出版社，1991，131页。

帕夫·伊夫，《自然音乐：转瞬即逝的弦乐》，福泽出版社，2007，27页+1张CD。

珀斯提克·马塞尔，《在教学关系中的想象》，法国大学新闻处出版社，1989，161页。

普耶·马克，《自然艺术家：随着季节变化创造大地艺术》，胡萝卜羽毛笔出版社，2006，137页。

普耶·马克/里萨克·弗雷德里克，《花园艺术家：在菜园里创造大地艺术》，胡萝卜羽毛笔出版社，2008。

鲁比拉尼·克劳迪奥，《科学文化的另一种观点：交叉路线》，普瓦图-夏朗德大区教学档案中心，2003，183页。

斯皮尔克·乔埃尔，《回收的艺术：环境音乐活动指南》，瓦隆大区，2003。

特克斯德尔·可可，《视觉艺术和写作游戏：第2阶段和第3阶段》，普瓦图-夏朗德大区教学档案中心，2004年，61页。

瓦奎特·菲利普，《自然教育者指南：唤醒自然感官的43个游戏，适用于5—12岁儿童》，金点子出版社，2002，

239 页。

维利尔·让，故事，《课程文本和文件杂志》(TDC)，2003，第 832 期。

培训和就业

学校自然网络，《在环境中教育：一个事业》，学校自然网络，2003，108 页。

拉特隆什·贝朗日尔等，《自然环境职业》，学习全景出版社，2009（第 8 版）。

弥农·让－玛丽，《活动辅导员行业》，探索出版社，2005。

波兹·艾格尼丝，《环境和生态职业：未来就业指南！》，花井出版社，2009，322 页。

工具和设施

布托尼·海伦 / 杜波依斯·埃里克 / 哈雷·桑德琳，《环境教育：50 种从事工具》，里尔大区环境与团结之家（MRES），2007，74 页。

沙文·雅克，《探索班级或校外课程》，哈马坦出版社，2003。

21 世纪委员会 / 福尔丹－德巴尔·塞西尔 / 马丁－拉加迪特·让－卢克，《从小学到大学，共同为可持续性发展行动：学校21世纪议程方法指南》，21世纪委员会，2007，104页。

科特罗·多米尼克（联合撰写），《环境教育项目：评估实用指南》，布列塔尼大区教学档案中心，2004，77页。

生态学校，《生态学校手册》，生态学校，2009。

了解和保护自然俱乐部联合会，《创立协会》，了解和保护自然俱乐部联合会，2001。

了解和保护自然俱乐部联合会，《创立自然俱乐部》，了解和保护自然俱乐部联合会，2009。

福尔丹－德巴尔·塞西尔/吉罗特·伊夫（作序），《环境教育学校博物馆合作伙伴》，哈马坦出版社，2004，224页。

大区自然保护联盟，《自然活动安全：做好准备》：安全文件，大区自然保护联盟，1998。

乔尔登·安德烈/康特·玛丽琳/苏雄·克里斯蒂安，《评估创新：博物馆，媒体和学校》，戴尔格拉夫出版社，2000。

乔尔登·安德烈/吉查德·弗朗索瓦斯/吉查德·杰克，《学习思路》，戴尔格拉夫出版社，2001。

索吉·菲利普，《青年环境记者指南：教学手册》，亚眠大区教学档案中心－欧洲环境教育基金会，1999，65页。

胡贝尔·米歇尔，《设计，建造和使用教学工具》，哈谢特出版社，2007，191页。

青年环境记者/巴切特·索菲，《我的星球调查2007》，欧洲环境教育基金会法国办事处，2007，24页。

厄泽尔的生态学家，《户外短期居住：环境教育项目时间与空间》，厄泽尔的生态学家，2000，74页。

马索·洛朗/维古鲁·让-皮埃尔，《自然活动，拿起工具！第一卷：为探索自然而建造》，厄泽尔的生态学家，2004，95页。

马索·洛朗/维古鲁·让-皮埃尔，《自然活动。第二卷：睁大眼睛！》，厄泽尔的生态学家，2006，93页。

2005年1月5日2005-001号通函，短期学校旅行和第一阶段的探索课程，国家教育部官方公报，2005年1月13日，第2号。

学校自然网络，《打水漂项目：教学设置》，学校自然网络。

学校自然网络，《滚球项目：教学设置》，学校自然网络。

学校自然网络，《可能的花园。支持共享，教育和生态花园项目的方法指南》，学校自然网络，2005，136页。

专业词汇

2C2A – 阿登省阿戈讷市镇委员会

ACM – 未成年人集体接待组织

ADDES – 经济与社会发展协会

ADEME – 环境与能源管理所

AFRAT – 乡村旅游活动培训协会

AFVP – 法国进步志愿者协会

AMAP – 乡村农业维护协会

ANSTJ – 全国青少年科学技术协会

APIEU – 城市环境倡议工作坊

APNE – 自然环境保护协会

APPN – 户外体育活动

ARIENA – 阿尔萨斯大区自然与环境启蒙教育协会

BAFA – 休闲度假中心的活动辅导员工作执照

BAFD – 负责人工作执照

BAPAAT – 青少年和体育技术活动组织者助理专业工作执照

BEATEP – 大众普及教育技术活动组织者国家执照

BOEN – 国家教育部官方简报

BPJEPS – 青少年、大众普及教育和体育专业证书

BRGM – 地质矿产研究所

BTS – 高级技师证书

BTSA – 农业高级技师证书

BTS GPN – 自然管理和保护高级技师证书

CBEE – 布列塔尼团体

CDDP – 省级教学档案中心

CEA – 原子能委员会

CEEF – 法兰西岛环境教育团体

CEL – 当地教育合同

CELAVAR – 农业和农村协会研究和联络委员会

CELRL – 沿海和沿湖地区保护区

CEMEA – 活动教育方法培训中心

CERFE – 生态动物行为学研究和培训中心

CESC – 公民健康教育

CFEE – 法国环境教育团体

CFEEDD – 法国可持续性发展环境教育团体

CIEU – 城市环境启蒙教育中心

CIRASTI – 青少年科学文化联合协会团体

CLAJ – 青少年娱乐活动俱乐部

CLE – 地方水资源委员会

CNAJEP – 青少年和大众普及教育协会国家和国际关系委员会

CNARE – 国家环境资源保护中心

CNRS – 国家科学研究中心

CPIE – 环境长期启蒙教育中心

CPN – 自然了解和保护俱乐部

CRAJEP – 大区青少年和大众普及教育协会委员会

CRDP – 大区教学档案中心

CREE – 大区环境教育团体

CREN – 大区自然保护区

CREPS – 大众普及教育和体育中心

CUCS – 社会凝聚力城市契约

CVL – 高中生活或假日休闲中心

DD – 可持续性发展

DDJS – 青少年和体育部门

DEDD – 可持续性发展教育十年

DEFA –活动职能相关国家文凭

DE JEPS – 青少年、大众普及教育和体育国家文凭

DES JEPS – 青少年、大众普及教育和体育高级国家文凭

DEVUSE – 社会效用在环境中的评估和价值机构

DIREN – 大区环境管理处

DLA – 地区保护机构

DRAC – 大区文化事务管理处

DRAF – 大区农业和林业代表处

DREAL – 大区环境治理和居住管理处

DRJS – 大区青少年体育管理处

DRRT – 大区研究和技术代表处

DRTEFP – 大区工作职业和专业培训管理处

E3D – 可持续性发展举措机构

ECJS – 公民，法律和社会教育

ECORCE – 环境教育中心一致性与看法交流网络

EDD – 可持续性发展教育

EDF – 法国电力公司

EE – 环境教育

EEDD – 可持续性发展环境教育

EEDF – 法国童子军

EN – 国家教育

ENF – 法国自然区域

ENS – 易感自然区域

EPCI – 跨市镇合作公共机构

ERC-EEDD – 大区可持续发展环境教育商讨空间

ERE – 环境教育

FAO – 联合国粮食及农业组织

FCPN – 学习与保护环境俱乐部联盟

FNE – 法国自然环境

FNFR – 全国农村联合会

FONJEP – 青少年和大众普及教育合作基金会

Francas – 全国教育、社会和文化机构与活动联盟

GAL – 当地活动团队

GES – 温室气体

GIEC – 政府间气候变化专门委员会

GIFAE – 国际农场教育活动联盟

GRAINE – 大区自然环境活动和启蒙教育团体

GREF – 生态培训研究团体

GRPAS – 雷恩社会教学与活动团体

GPN – 自然管理与保护

GPS – 全球定位系统

IA – 学校督查

IDD – 探索路线

IDEE – 比利时地区环境教育信息与传播

IEN – 全国教育督查

IFREE – 环境教育培训研究中心

IFREMER – 法国海洋探索研究中心

IFP – 法国石油中心

IGN – 国家地质学院

INSEE – 国家统计与经济研究所

IUCN（或者UICN）– 国际自然保护联盟

J&S – 青少年和体育

LPO – 鸟类保护联盟

MJC – 青少年和文化之家

MNHN – 国家自然历史博物馆

Of-FEEE – 欧洲环境教育基金会法国办事处

OHERIC ：实验性的措施：观察、假设、经验、结果、阐述、总结

OMC – 世界贸易组织

OMM – 世界气象组织

ONCFS – 国家狩猎和野生动物办事处

ONF – 国家森林办事处

ONG – 无政府组织

ONU – 联合国组织

OPIE – 昆虫与其环境管理办事处

PAC – 艺术与文化项目

PACA – 普罗旺斯– 阿尔卑斯– 蔚蓝海岸大区

PAE – 教育活动项目

PAF – 学术培训计划

PEP – 儿童公众教育

PIB – 国内生产总值

PICRI – 为研究与创新的公民机构合作

Planet'ERE – 旨在促进法语国家共享可持续性发展环境教育的非政府组织

PNA – 全国活动计划

PNF – 法国国家公园

PNR – 大区自然公园

PNUE – 联合国环境署

PPCP – 专业性多学科项目

REE – 环境教育网络

REEB – 布列塔尼环境教育网络

RefERE – 国际法语区环境教育研究网络

REN – 学校自然网络

RITIMO –促进可持续性发展和国际团结的信息与档案网络

RNF – 法国自然保护区

SAGE – 水资源治理和管理纲要

SCD – 合作发展处

SCOP – 生产合作公司

SGDF – 法国童子军和向导

SNDD – 国家可持续性发展战略

TPE – 个人管理工作

UICN（或IUCN）– 国际自然保护联盟

UNCPIE – 国家常设环境启蒙教育中心联盟

UNESCO – 联合国教科文组织

URCPIE – 大区常设环境启蒙教育中心联盟

VSI – 国际互助志愿者

WEEC – 国际环境教育代表大会

WWF – 国际自然基金会

01 **巴黎气候大会30问**

［法］帕斯卡尔·坎芬　彼得·史泰姆／著
王瑶琴／译

02 **倒计时开始了吗**

［法］阿尔贝·雅卡尔／著
田晶／译

03 **化石文明的黄昏**

［法］热纳维埃芙·菲罗纳-克洛泽／著
叶蔚林／译

04 **环境教育实用指南**

［法］耶维·布鲁格诺／编
周晨欣／译

05 **节制带来幸福**

［法］皮埃尔·拉比／著
唐蜜／译

06 **看不见的绿色革命**

［法］弗洛朗·奥加尼厄　多米尼克·鲁塞／著
吴博／译

07 **自然与城市**

马赛的生态建设实践

[法] 巴布蒂斯·拉纳斯佩兹 / 著

[法] 若弗鲁瓦·马蒂厄 / 摄　刘姮序 / 译

08 **明天气候 15 问**

[法] 让·茹泽尔　奥利维尔·努瓦亚 / 著

沈玉龙 / 译

09 **内分泌干扰素**

看不见的生命威胁

[法] 玛丽恩·约伯特　弗朗索瓦·维耶莱特 / 著

李圣云 / 译

10 **能源大战**

[法] 让·玛丽·舍瓦利耶 / 著

杨挺 / 译

11 **气候变化**

我与女儿的对话

[法] 让–马克·冉科维奇 / 著

郑园园 / 译

12 **气候在变化，那么社会呢**

[法] 弗洛伦斯·鲁道夫 / 著

顾元芬 / 译

13 **让沙漠溢出水的人**

寻找深层水源

[法] 阿兰·加歇 / 著

宋新宇 / 译

14 **认识能源**

[法] 卡特琳娜·让戴尔　雷米·莫斯利 / 著

雷晨宇 / 译

15 **如果鲸鱼之歌成为绝唱**

[法] 让–皮埃尔·西尔维斯特 / 著

盛霜 / 译

16 **如何解决能源过渡的金融难题**

[法]阿兰·格兰德让　米黑耶·马提尼/著
叶蔚林/译

17 **生物多样性的一次次危机**

生物危机的五大历史历程

[法]帕特里克·德·维沃/著
吴博/译

18 **实用生态学(第七版)**

[法]弗朗索瓦·拉玛德/著
蔡婷玉/译

19 **食物绝境**

[法]尼古拉·于洛　法国生态监督委员会　卡丽娜·卢·马蒂尼翁/著
赵飒/译

20 **食物主权与生态女性主义**

范达娜·席娃访谈录

[法]李欧内·阿斯特鲁克/著
王存苗/译

21 **世界有意义吗**

[法]让-马利·贝尔特　皮埃尔·哈比/著
薛静密/译

22 **世界在我们手中**

各国可持续发展状况环球之旅

[法]马克·吉罗　西尔万·德拉韦尔涅/著
刘雯雯/译

23 **泰坦尼克号症候群**

[法]尼古拉·于洛/著
吴博/译

24 **温室效应与气候变化**

[法]爱德华·巴德　杰罗姆·夏贝拉/主编
张铱/译

25

向人类讲解经济

一只昆虫的视角

［法］艾曼纽·德拉诺瓦／著

王旻／译

26

应该害怕纳米吗

［法］弗朗斯琳娜·玛拉诺／著

吴博／译

27

永续经济

走出新经济革命的迷失

［法］艾曼纽·德拉诺瓦／著

胡瑜／译

28

勇敢行动

全球气候治理的行动方案

［法］尼古拉·于洛／著

田晶／译

29

与狼共栖

人与动物的外交模式

［法］巴蒂斯特·莫里佐／著

赵冉／译

30

正视生态伦理

改变我们现有的生活模式

［法］科琳娜·佩吕雄／著

刘卉／译

31

重返生态农业

［法］皮埃尔·哈比／著

忻应嗣／译

32

棕榈油的谎言与真相

［法］艾玛纽埃尔·格伦德曼／著

张黎／译

33

走出化石时代

低碳变革就在眼前

［法］马克西姆·孔布／著

韩珠萍／译